Drehen konventionell für Anfänger

mit

YouTube

von

Thomas Aigner

Inhaltsverzeichnis

Einleitung

Herzlich willkommen in meinem Grundkurs zum Thema Drehen mit konventionellen Drehmaschinen. Dieses Buch richtet sich an alle die daran denken mit dem Drehen auf einer konventionellen Drehmaschine zu beginnen oder bereits eine Maschine haben oder auch an Erfahrene Dreher, die ihre Skills in dem Bereich erweitern wollen.

Es geht in dem Buch hauptsächlich um die grundlegenden Kenntnisse bei Maschinen, Werkzeugen, deren Handhabung und die wichtigsten Operationen beim Zerspanen mittels Drehen.

Mein Name ist Thomas Aigner und ich bin geprüfter Facharbeiter im Bereich Metallbearbeitung.
Mein Anliegen ist es hier meine langjährigen Erfahrungen und erlernten Fertigkeiten in einfacher Darstellung mittels Schrift Bildern und Links zu Videos dem Leihen zur Verfügung zu stellen.

Sie können sich jederzeit in die jeweiligen Kapitel einlesen und zu anderen Kapiteln wechseln, ich empfehle aber das Buch von vorne weg durchzulesen da ein gewisses Grundverständnis zu der Maschine und den Werkzeugen nötig ist, um dann gute Ergebnisse zu erzielen.

Im Anschluss an die Kapitel mache ich je einen kleinen Multiple Choice Test, um das gelesene zu wiederholen und zu festigen.

Ich werde Ihnen in diesem Buch die wichtigsten Kenntnisse und Voraussetzungen für diese handwerkliche Betätigung nahelegen, aber versuche auch nicht zu tief in die einzelnen Bereiche einzudringen da das Thema wirklich sehr umfangreich ist!

Wir werden uns hier hauptsächlich dem sogenannten „konventionellen Drehen" widmen, also das Drehen ohne Computersteuerung.

Drehen ist ein Spanen mit geometrisch bestimmter Schneide und kreisförmiger Schnittbewegung. Meist führt das Werkstück die Drehbewegung aus. Das einschneidige Werkzeug ist fest eingespannt und wird an der zu bearbeitende Fläche entlanggeführt. In besonderen Fällen kann das Werkzeug die Drehbewegung ausführen (z.B. Abstechautomat mit drehenden Werkzeugen od. Gewindewirbeln).

Als ausgebildeter Facharbeiter für Metalltechnik ist die Handhabung mit Drehmaschinen und deren Werkzeuge für mich eine alltägliche Routine, doch ist es für jemanden der nicht die entsprechende Ausbildung hat erstmal sehr schwierig in die umfangreiche Materie einzusteigen und dann die gewollten Ergebnisse zu erhalten.

Nun möchte ich Ihnen, als Neuling im Bereich der spanenden Bearbeitung Drehen, hier in diesem Buch die grundlegenden Begriffe und Ansätze näherbringen, um eine Ahnung zu haben, wie Sie in die Praxis kommen können.

Auf meinem YouTube- Kanal „DIY-Passion" finden Sie wertvolle Videos zum Thema Drehen!

Viel Spaß beim Lesen und Lernen!

Einsatzbereiche des Drehens

Das Drehen gehört zu den wichtigsten Fertigungsverfahren im Maschinenbau. Es wird überall dort eingesetzt, wo rotationssymmetrische Bauteile hergestellt werden müssen. Durch das Drehen können Werkstücke sehr präzise bearbeitet werden und enge Maßtoleranzen erreicht werden.

Drehen in der modernen Industrie

In der heutigen Industrie werden viele Drehprozesse auf sogenannten **CNC-Drehmaschinen** durchgeführt. Diese Maschinen werden über Computerprogramme gesteuert und können komplexe Bauteile mit hoher Wiederholgenauigkeit fertigen.

CNC-Drehmaschinen werden zum Beispiel eingesetzt in:

- Maschinenbau

- Automobilindustrie

- Luft- und Raumfahrttechnik

- Medizintechnik

- Werkzeugbau

Durch die Automatisierung können große Stückzahlen schnell und wirtschaftlich hergestellt werden.

Bedeutung des konventionellen Drehens

Trotz der starken Verbreitung von CNC-Maschinen ist das **konventionelle Drehen** weiterhin von großer Bedeutung.

Besonders bei folgenden Arbeiten wird häufig eine konventionelle Drehmaschine eingesetzt:

- Herstellung von Einzelteilen

- Reparaturarbeiten

- Prototypenbau

- Anpassungsarbeiten in Werkstätten

- Ausbildung von Metalltechnikern

Für einfache Drehteile ist das Programmieren einer CNC-Maschine oft zu aufwendig. In solchen Fällen kann ein erfahrener Dreher ein Werkstück auf einer konventionellen Drehmaschine schneller herstellen.

Außerdem bildet das konventionelle Drehen die **Grundlage für das Verständnis moderner CNC-Fertigung**. Viele Facharbeiter lernen deshalb zuerst das manuelle Drehen, bevor sie mit CNC-Maschinen arbeiten.

Typische Drehteile

Auf Drehmaschinen werden vor allem **rotationssymmetrische Bauteile** hergestellt.

Typische Beispiele sind:

- Wellen

- Bolzen

- Buchsen

- Gewindeteile

- Lagersitze

- Achsen

- Abstandshülsen

Diese Bauteile werden in vielen Maschinen und technischen Geräten verwendet.

Drehen im Modellbau und Hobbybereich

Auch im Hobbybereich wird das Drehen immer beliebter. Besonders im **Modellbau** ermöglicht eine kleine Drehmaschine die Herstellung vieler individueller Bauteile.

Typische Anwendungen sind:

- Modellmotoren

- Sonderteile für RC-Modelle

- Ersatzteile für alte Maschinen

- Sonderanfertigungen für Oldtimer

Viele kompakte Tischdrehmaschinen sind heute so klein, dass sie sogar in einer Hobbywerkstatt oder auf einem stabilen Arbeitstisch betrieben werden können.

Universaldrehmaschine "Weißer und Söhne) von 1957

Der Aufbau von Universaldrehmaschinen

Die Universaldrehmaschine gehört zu den wichtigsten Werkzeugmaschinen in der Metallbearbeitung. Mit ihr lassen sich viele unterschiedliche Drehoperationen durchführen, wie zum Beispiel Längsdrehen, Plandrehen, Gewindedrehen oder Kegeldrehen.

Da Werkstücke häufig zwischen zwei Spitzen gespannt werden können, wird diese Maschinenart auch **Spitzendrehmaschine** genannt.

Universaldrehmaschinen sind sehr vielseitig einsetzbar und werden sowohl in Werkstätten, Ausbildungsbetrieben als auch in Reparaturbetrieben verwendet.

Eine typische Universaldrehmaschine besteht aus mehreren wichtigen Baugruppen, die zusammen das präzise Bearbeiten von Werkstücken ermöglichen.

Die wichtigsten Baugruppen sind:

- Maschinenbett

- Spindelstock

- Reitstock

- Werkzeugschlitten

- Leitspindel und Zugspindel

Diese Bauteile arbeiten zusammen, um das Werkstück in Rotation zu versetzen und das Werkzeug kontrolliert entlang des Werkstückes zu bewegen.

Im folgenden Abschnitt werden die einzelnen Baugruppen der Drehmaschine genauer erklärt.

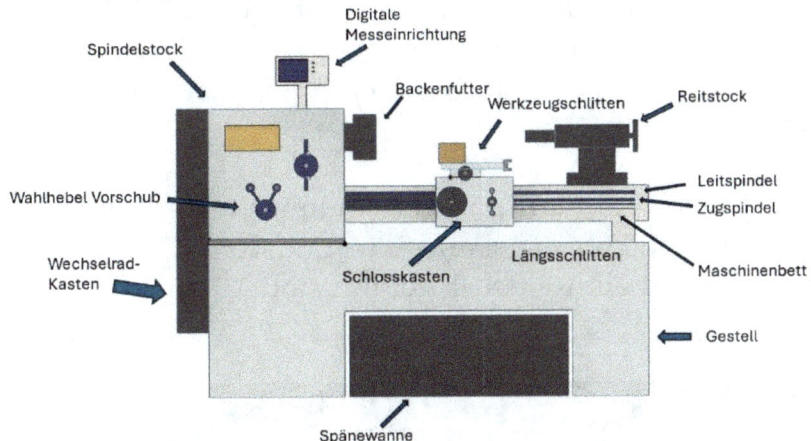

Spindelstock

Digitale
Messeinrichtung

Backenfutter

Werkzeugschlitten

Reitstock

Wahlhebel Vorschub

Leitspindel
Zugspindel

Wechselrad-
Kasten

Schlosskasten

Längsschlitten

Maschinenbett

Gestell

Spänewanne

Schema der Universaldrehmaschine mit Beschriftung

Das Drehmaschinenbett

Das Drehmaschinenbett ist meist aus Gusseisen mit kräftigen Holmen und Rippen versteift und mit dem Untergestell verschraubt oder in einem Stück gegossen.
Hohlräume können zur Schwingungsdämpfung mit Sand oder Polymerbeton gefüllt sein.

Das Drehmaschinenbett ist starr und verwindungsfrei und hat auf der Oberseite gehärtete Führungsbahnen worauf der Werkzeugschlitten und der Reitstock geführt sind.

Maschinenbett mit gehärteter Bett Bahn

Der Spindelstock

Der Spindelstock ist mit dem Maschinenbett verbunden und ist die Baugruppe der Drehmaschine, in der die Hauptspindel mit ihrer Lagerung und zughöriger Antrieb sitzt.
Er ist meist auf der linken Seite der Maschine und besitzt verschiedene Einstellhebel zum Einlegen der richtigen Gänge für die Drehzahlen.

An der Hauptspindel ist meist ein Backenfutter für den universellen Einsatz montiert welches austauschbare Spannbacken besitzt.
Es können aber auch andere Spannwerkzeuge wie Planscheibe oder Stirnmitnehmer montiert werden.
Im Spindelstock befindet sich das Getriebe mit verschiedenen Übersetzungen, um die richtige Drehzahl über die Ganghebel einzustellen.
Des Weiteren ist auch das Stirnradgetriebe mit austauschbaren Wechselrädern am Stock außerhalb verbaut welches die Drehbewegung auf das Vorschubgetriebe überträgt.
Das Vorschubgetriebe sitzt unterhalb vom Spindelstock und bewegt die Zug- und die Leitspindel. Die Hauptspindel ist hohl, sodass lange Drehteile durchgeführt werden können
Achtung! Wenn Drehteile (Wellen, Rohre) zu lange aus dem Stock ragen besteht die Gefahr von Abknicken bei höheren Drehzahlen-es gibt aber entsprechende Gegenlager (Lynetten)

Im Backenfutter können Werkstücke mit dem Backenschlüssel gespannt bzw. gelöst werden.
Die Backen können einfach getauscht werden.
Es gibt verschiedene Arten von Spannbacken, die gängigsten sind gehärtete Stufenbacken zum Spannen von Innen und Außen!

Hier sieht man den Spindelstock an einer Weißer und Söhne mit Schalthebeln zum Einstellen der Geschwindigkeiten des Getriebes, einer zugehörigen Tabelle, Schauglas für die Ölversorgung im Gleitlager und Dreibackenfutter zum schnellen Spannen.

Spindelstock mit Hauptspindel und Dreibackenfutter

Der Spindelstock

Der Reitstock

Was kann man mit dem Reitstock machen?
Der Reitstock ist im Prinzip das Gegenüber zum Spindelstock und
sitzt gleitend verschiebbar auf dem Maschinenbett.
Es können verschiedene Operationen mit ihm ausgeführt werden.
Er hat einen massiven Grundkörper meist aus Stahlguss mit einer
innenliegenden Pinole, welche mit einem Handrad aus- und
eingefahren werden kann.

Am Handrad ist meist eine Skala, um die Ausfahrlänge zu messen.
In der Pinole ist eine Kegelaufnahme eingearbeitet, um
verschiedene Werkzeuge zu spannen.
Die Größe des Konus kann bei kleinen Maschinen von MK1 bis zu
größeren Maschinen MK4 oder größer sein.

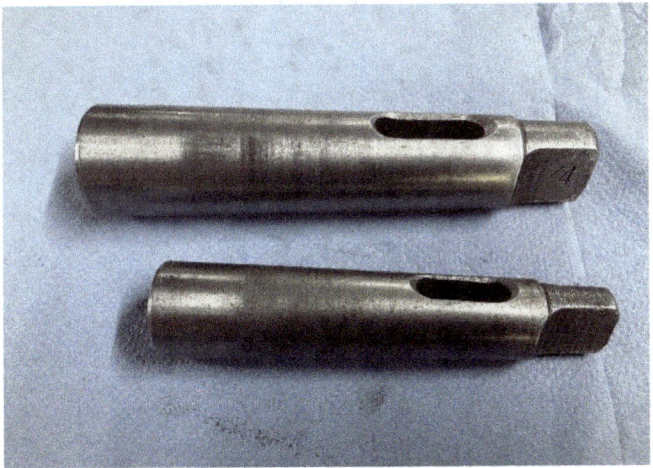

Reduzierhülsen MK2/3 und MK3/4

Um nun ein Werkzeug zu spannen, benötigt man das Kegel
Gegenstück am Werkzeug.

Sollte die Größe des Kegels nicht mit dem in der Pinole übereinstimmen gibt es so genannte Reduzierhülsen (zB.: MK1 am Bohrer auf MK3 in der Pinole)
Um die Reduzierhülsen und das Werkzeug zu tauschen, benötigen Sie einen so genannten Austreibkeil, welcher in der Ausnehmung am Ende des Kegels eingeschlagen werden muss, um das Gegenstück auszutreiben.

Verschiedene Werkzeuge können im Reitstock aufgenommen werden doch alle haben einen Morsekegel am hinteren Ende. Größere Bohrer ab 13mm ca. sollten mit MK- Aufnahme gespannt werden und kleinere in einem Bohrfutter!

Der Reitstock

Hier sieht man einen typischen Reitstock aus massivem Stahl mit Pinole und eingespannter Zentrierspitze. Er hat einen Schnellspannhebel zum Klemmen der Pinole und einen Schnellspannhebel zum Klemmen auf dem Maschinenbett. Mit der

Reitstock mit Pinole geführt auf dem Maschinenbett mit Handkurbel und Klemmhebeln

Handkurbel und zugehörigem Nonius können verschiedene Operationen (meist Bohren) ausgeführt werden

.

Der Werkzeugschlitten (die Werkzeugschlitten)

Die Werkzeugschlitten bestehen aus dem Maschinenbettschlitten (Z-Achse) mit dem Schlosskasten, der auf dem Maschinenbett über die geschliffenen Führungen geführt ist, dem Planschlitten der wiederum auf dem Maschinenbettschlitten in Querrichtung (X-Richtung) montiert ist und dem Oberschlitten mit dem Werkzeughalter zum sicheren Spannen und Wechseln von verschiedenen Drehwerkzeugen.

Im Schlosskasten am Maschinenbettschlitten befinden sich die nötigen Schalteinrichtungen (Ganghebel) um die Zugspindel für den Vorschub und die Leitspindel zum Gewindedrehen zu schalten.

Die Schaltspindel bzw. der Schalter für die Drehrichtung befindet sich bei den meisten Spitzendrehmaschinen (Universaldrehmaschinen) auch auf dem Maschinenbettschlitten.

Die Werkzeugschlitten

Hier sieht man den Bettschlitten, der auf dem Maschinenbett geführt ist (Z-Achse) mit dem Planschlitten obendrauf (X- Achse) und dem sogenannten Oberschlitten, der den Werkzeughalter trägt

Auf dem Bettschlitten sitzender Planschlitten mit Oberschlitten und Werkzeughalter darauf

Das Wechselradgetriebe

Das Wechselradgetriebe sitzt an der Außenseite des Spindelstocks und ist meist mit einem aufklappbaren Deckel geschützt.

Die Aufgabe dieses Getriebes ist es die Drehbewegung von der Hauptspindel auf die Zug- und Leitspindel zu übertragen.

Das Wechselradgetriebe heißt so, da man bestimmte Zahnräder leicht austauschen kann, um so unterschiedliche Übersetzungen für die verschiedenen Gewindesteigungen zu erhalten.

An der Drehmaschine ist meistens eine Tabelle an der zu entnehmen ist welche Wechselräder für welche Gewindesteigungen nötig sind.

Das Wechselradgetriebe

Da man ja nicht nur metrische ISO-Gewinde fertigen möchte, sondern eventuell auch zöllige Gewinde und Spezialsteigungen.

Wechselradgetriebe am Spindelstock geöffnet

Leit- und Zugspindel

Hier sieht man die Leitspindel (Gewinde), die Zugspindel (Nut) und die Schaltspindel welche bei älteren Modellen oft verbaut ist und mit welcher die Kupplung betätigt wird um die Drehbewegung nach rechts oder links bzw. Vor oder zurück einzuschalten.

Je nachdem ob man mit dem maschinellen Vorschub (normales Abspanen) oder mit der Leitspindel zum Gewindeschneiden arbeitet schaltet man über das Vorschubgetriebe die Leit- oder Zugspindel zu oder weg. Zusätzlich muss die Leitspindel bei der Verwendung im Schlosskasten über die Schlossmutter eingekuppelt werden.

Die Schlossmutter ist meist eine Art geteilte Spindelmutter welche zur Verwendung (einkuppeln) geschlossen oder geöffnet werden kann.

Zug- und Leitspindel

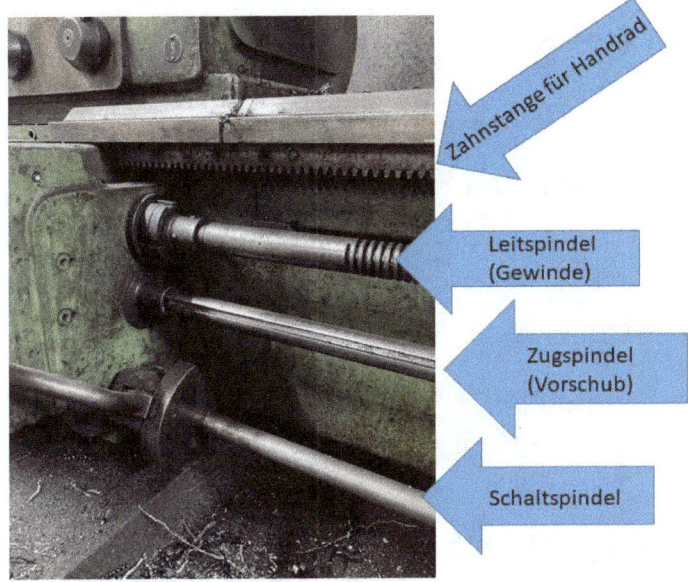

Die Leitspindel, Zugspindel und Schaltspindel

*Die Leitspindel, Zugspindel, Schaltspindel und
Zahnstange für das Handrad*

Multiple Choice Test zum Aufbau von Drehmaschinen.

Lösungen: 1:c | 2:a | 3:a | 4:c | 5:b | 6:b | 7:a

1. Das Drehmaschinenbett ist montiert auf dem

    a.   Boden

    b.   Werkzeugschlitten

    c.   Maschinengestell

    d.   Reitstock

2. Der Spindelstock enthält das Getriebe und die Gangschaltung für

    a.   Die Hauptspindel

    b.   Den Zentrierbohrer

    c.   Das Maschinenbett

    d.   Das angetriebene Werkzeug

3. Der Reitstock ist auf dem Maschinenbett und hat eine Handkurbel zum

    a.   Betätigen der Pinole vor und zurück

    b.   Antreiben der Leitspindel

    c.   Drehen des Bohrers

    d.   Klemmen am Maschinenbett

4. Der Wechselradkasten besitzt auswechselbare Zahnräder zum

    a.   Minimieren von Vibrationen

    b.   Leiseren Arbeiten

    c.   Übertragen der Drehbewegung auf Zug- und Leitspindel

    d.   Besseren Schlichten

5. Die Leitspindel an der Drehmaschine leitet

    a.   die Werkstatt

    b.   das Gewinde

    c.   den Strom

    d.   die Spanführung

6. Die Zugspindel ist dazu da um den

    a.   Wechselradkasten zu schließen

    b.   Vorschub an den Werkzeugschlitten anzutreiben

    c.   das Maschinengestell zu befestigen

    d.   die Bohrer zu drehen

7. Die Schlossmutter im Vorschubgetriebe des Bettschlittens

    a.   umschließt die Leitspindel beim Gewindedrehen

    b.   betätigt die Spannbacken im Backenfutter

    c.   klemmt die Hauptspindel im Spindelstock

    d.   hält die gehärtete Bettbahn in Position

Spannmittel

Damit ein Werkstück auf einer Drehmaschine bearbeitet werden kann, muss es sicher und präzise eingespannt werden. Die Art der Spannung hat einen großen Einfluss auf die Bearbeitungsgenauigkeit, den Rundlauf sowie auf die Sicherheit während der Bearbeitung.

Ein gutes Spannmittel soll folgende Anforderungen erfüllen:

- sichere und feste Spannung des Werkstückes

- möglichst geringer Rundlauf

- schnelle und einfache Bedienung

- möglichst geringe Verformung des Werkstücks

Je nach Form und Größe des Werkstückes kommen unterschiedliche Spannmittel zum Einsatz. Die gebräuchlichsten Spannmittel auf konventionellen Drehmaschinen sind:

- Planspiralfutter (Backenfutter)

- Planscheibe

- Stirnmitnehmer

- Spannzangen

Jedes dieser Spannmittel besitzt bestimmte Vorteile und wird für unterschiedliche Aufgaben eingesetzt.

In den folgenden Abschnitten werden die wichtigsten Spannmittel und ihre Anwendung näher erklärt.

Planspiralfutter

Bei den meisten Drehmaschinen befindet sich an der Hauptspindel ein so genanntes Planspiralfutter, welches in den verschiedensten Ausführungen mit unterschiedlichen Anzahlen von Spannbacken erhältlich ist.

Das Dreibackenfutter eignet sich sehr gut zum Spannen von Drehteilen und kann auch einfach zum Exzentrisch spannen (indem man Bleche einlegt) verwendet werden.

Im Inneren des Spannfutters befindet sich eine Art Gewinde, welches aber stirnseitig läuft und die drei Backen über den Backenfutterschlüssel vom Zentrum weg oder zum Zentrum bewegt.

Die Backen haben eine Nummerierung von eins bis drei und müssen an der richtigen Stelle montiert sein

Dreibacken Planspiralfutter

Drehmaschinenfutter (Backenfutter) dienen zum raschen, sicheren und zentrischen Spannen unterschiedlich geformter Werkstücke. An Universaldrehmaschinen werden meist Futter mit drei Spannbacken verwendet.

Die Spannbacken der Futter sind meistens gehärtet, mit Stufen versehen und auswechselbar. Oft mit Grundbacken und verschiedenen Aufsatzbacken zum Austauschen. Damit können Drehteile von außen oder in einer Bohrung gespannt werden.

Meistens ist ein zweiter Backensatz beim Futter dabei mit welchen auch größere Durchmesser gespannt werden können.

Backensatz für große Durchmesser mit umgekehrter Stufung

Das Planspiralfutter

Planscheibe

Die Planscheibe sieht ähnlich aus wie das Backenfutter hat aber nur den Unterschied, dass die Backen (meist 4) einzeln mit Gewindespindeln bewegt werden können und so es möglich ist, Teile, die nicht zylindrisch sind (rund) auch aufzuspannen.
Es ist darauf zu achten, dass die entstehende Unwucht nicht zu groß wird und die Drehzahl der Spindel entsprechend niedrig zu wählen ist.

Beispiel Planscheibe

Stirnmitnehmer

Sind wegen der geringen Fliehkräfte und der Möglichkeit, das Werkstück in einer Einspannung auf der ganzen Länge zu bearbeiten, besonders für schnelllaufende Maschinen und automatische Bearbeitung geeignet. Die gehärteten Mitnehmerzähne führen jedoch zu einer Beschädigung der Werkstückplanfläche.

Stirnseitenmitnehmer sind dazu da, Teile zwischen Spitzen zu bearbeiten, wenn die Bearbeitung mittels Spannfutter nicht möglich oder günstig ist.
Es werden lange Drehteile damit bearbeitet.

Stirnmitnehmer mit Verzahnung zum Übertragen des Drehmoments

Spannzangen

Mit Spannzangen können blanke Rundmaterialien mit genauem Außendurchmesser schnell und präzise gespannt werden. Sie sind aber meist nur für industrielle Serienfertigung eingesetzt.

Der Nachteil ist, dass nur ein einziger Durchmesser mit der dafür geeigneten Zange gespannt werden kann.
Für andere Durchmesser muss die Spannzange wieder gewechselt werden

Typische Spannzange zum Spannen eines einzigen Durchmessers

Multiple Choice Test zum Thema Spannmittel Spindelstock

Lösungen: 1:b | 2:b | 3:a

1. Planspiralfutter sind zum

    a.   Spannen von Werkzeugen auf dem Planschlitten

    b.   Spannen von zylindrischen Werkstücken in der Hauptspindel

    c.   Sind für die Optik verbaut

    d.   Drehen das Maschinengestell

2. Die Backen an der Planscheibe

    a.   bewegen sich gemeinsam Richtung Zentrum

    b.   können unabhängig voneinander mit der jeweiligen Spindel gestellt werden

    c.   sind aus Silber

    d.   können im Planspiralfutter verwendet werden

3. Stirnmitnehmer sind zum

    a.   Drehen zwischen Spitzen

    b.   Einstellen des Reitstockes

    c.   Einrichten des Maschinengestelles

    d.   Mitnehmen der langen Haare des Drehers

Drehmeißel

Beim Drehen wird das Werkstück durch die Hauptspindel der Drehmaschine in Rotation versetzt. Das eigentliche Zerspanen des Materials erfolgt jedoch durch das Werkzeug – den sogenannten **Drehmeißel**.

Der Drehmeißel besitzt eine oder mehrere Schneiden, mit denen Material vom rotierenden Werkstück abgetragen wird. Dabei entsteht ein Span, der vom Werkzeug abgeleitet wird.

Die Wahl des richtigen Drehmeißels hat großen Einfluss auf:

- die Bearbeitungsqualität
- die Oberflächenbeschaffenheit
- die Maßgenauigkeit des Werkstückes
- die Standzeit des Werkzeuges

Je nach Bearbeitungsaufgabe werden unterschiedliche Drehmeißel verwendet. Es gibt beispielsweise Werkzeuge für:

- Außenbearbeitung
- Innenbearbeitung
- Einstiche und Nuten
- Gewinde
- Profilbearbeitung

Neben der Form des Drehmeißels spielt auch der **Schneidstoff** eine wichtige Rolle. Moderne Drehwerkzeuge bestehen häufig aus Hartmetall oder verwenden austauschbare Wendeschneidplatten. Für einfachere

Arbeiten oder kleinere Maschinen werden jedoch auch heute noch Drehmeißel aus Schnellarbeitsstahl (HSS) verwendet.

In den folgenden Abschnitten werden die wichtigsten Schneidstoffe und Drehmeißelformen näher erklärt.

Innendrehmeißel mit HM Wendeplatte

Außen Eckdrehmeißel mit HM Platte

Schneidstoffe

Als Schneidwerkstoffe für Drehwerkzeuge verwendet man vorwiegend beschichtete Hartmetalle, Schneidkeramik oder auch so genannten Schnellarbeitsstahl. Hartmetalle und Schneidkeramik werden meist in Form von Wendeschneidplatten in Klemmhaltern eingesetzt, können aber auch auf Stahlhaltern aufgelötet sein. Schnellarbeitsstahl hat eine niedrigere Leistung bei der Schnittgeschwindigkeit ist aber einfach nachzuschleifen.

Es gibt mittlerweile eine Vielzahl von Schneidstoffen für die Bearbeitung von Metallen beim Drehen aber auch Fräsen. Ich werde hier auf die drei wichtigsten beim Drehen vorkommenden Schneidmittel eingehen. Alle drei Arten von Schneidstoffen (Schnellschnittstahl, aufgelötetes HM und HM- Wendeplatten) können jeweils in jeder Art von Drehmeißeln vorkommen.

1. Schnellarbeitsstahl oder auch HSS genannt

Schnellarbeitsstahl ist ein hochlegierter Werkzeugstahl, der hauptsächlich als Schneidstoff genutzt wird, also für Fräswerkzeuge, Bohrer, Drehmeißel und Räumwerkzeuge. Die Bezeichnung bezieht sich auf die gegenüber gewöhnlichem Werkzeugstahl drei- bis viermal höheren Schnittgeschwindigkeiten. Während gewöhnlicher Werkzeugstahl bereits ab etwa 200 °C seine Härte verliert, behält Schnellarbeitsstahl bis etwa 600 °C seine Härte. Die gebräuchlichen Kurzbezeichnungen beginnen mit HSS oder HS, abgeleitet vom englischen High Speed Steel. Deutsche Bezeichnungen sind Hochgeschwindigkeitsstahl, Hochleistungs-Schnellschnittstahl, Hochleistungsschnellarbeitsstahl und Hochleistungsschnittstahl.

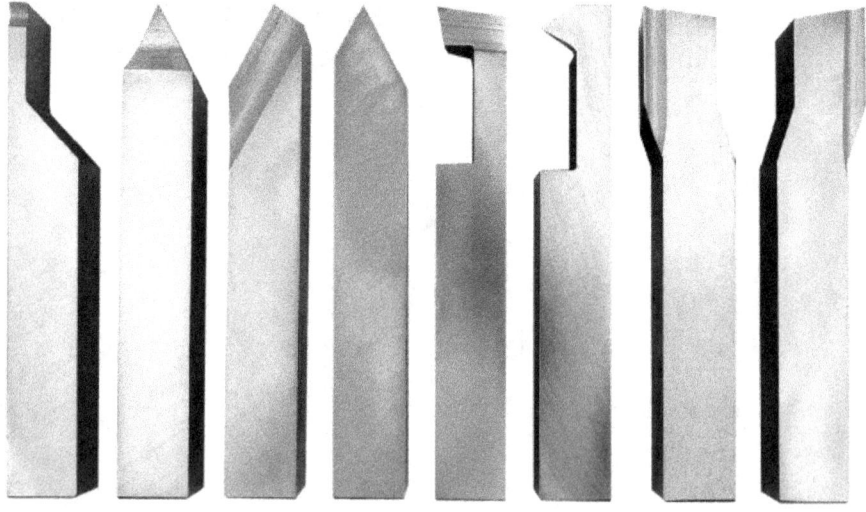

Standard HSS Stähle- Set

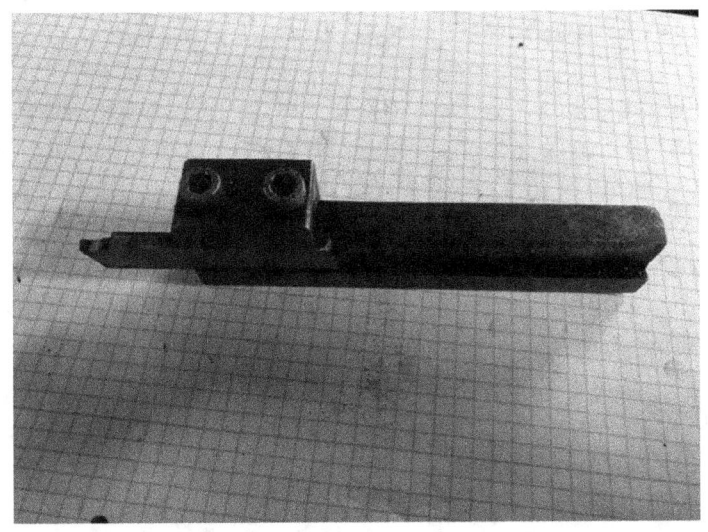

Abstechdrehmeißel aus HSS

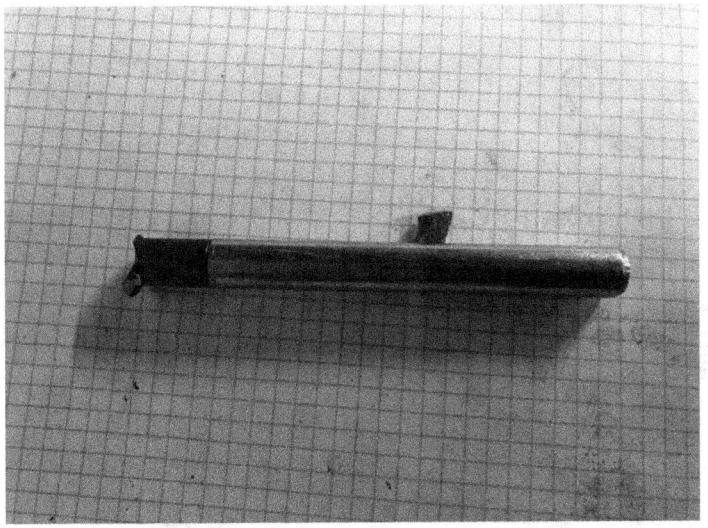

Komet Innendrehmeißel mit abschraubbarem Schneidkopf aus HSS

2. Aufgelötete Hartmetalle bei Drehmeißeln

Hartmetalle sind per Definition gesinterte besonders harte Carbid Metalle. Charakteristisch für diese sind zu einer sehr hohen Härte sowie Verschleißfestigkeit und des Weiteren vor allem die hohe Warmhärte. Daher werden sie häufig bei der Herstellung von Werkzeugen, Teilen für die Zerspanung, die spanlose Formgebung und den abrasiven Verschleiß eingesetzt. Hartmetall gehört zu den Verbundwerkstoffen.

Der Werkstoff besteht in der Regel aus 90 – 94 % Wolframkarbid (Verstärkungsphase) und 6 – 10 % Kobalt (Matrix, Bindemittel, Zähigkeitskomponente). Die Wolframkarbidkörner sind im Durchschnitt etwa 0,5 – 1 Mikrometer groß. Das Kobalt füllt die Zwischenräume aus.

Auf die Drehstähle sind in dem Fall eben Hartmetallplatten mittels Hartlötens angebracht welche den Vorteil haben, dass die Schnittgeschwindigkeiten gegenüber normalem HSS- Stählen deutlich höher sind und der Verschleiß um einiges niedriger ist.

Drehstähle mit aufgelöteten HM- Plättchen

3. Schneidstähle mit genormten HM- Wendeplatten

Die wohl modernste Art von Drehstählen ist wohl die mit den HM-
Wendeplatten die entweder aufgeschraubt oder geklemmt sind.
Im Prinzip sind diese Drehmeißel nur die modernere Variante von
aufgelöteten HM Platten und durch die genormten Größen können

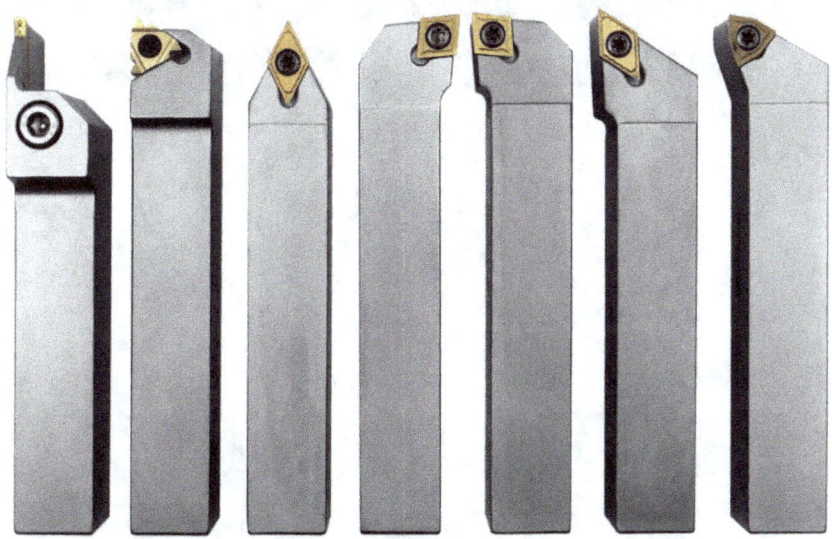

Wendeplatten- Drehstähle mit aufgeschraubten HM Platten

beim Austausch der Schneidplatten die Maßgenauigkeiten
eingehalten werden und ein Nachschärfen entfällt hier.

Hartmetall Wendeplatten zum schnellen Tausch

Außendrehmeißel mit HM- Wendeplatte

Innendrehmeißel mit HM- Wendeplatte

Bei Hartmetall Wendeschneidplatten gibt der Hersteller meistens im Produktdatenblatt gleich die richtigen Schnittdaten (Schnittgeschwindigkeit und Vorschub) an mit welchen dann die richtige Drehzahl ausgerechnet werden kann.

Die Schneidstoffe

Drehmeißel- Formen und Verwendung

Als Drehmeißel Form ist gemeint welche Form der Haltestahl und die Schneidplatte aufweisen, um die gewünschte Dreh- Operation korrekt ausführen zu können.
Zum Beispiel benötige ich zum Längsrunddrehen einen Außen Drehmeißel und wenn er noch dazu einen rechtwinkligen Ansatz machen soll, dann benötige ich einen Eckdrehmeißel.

Will man zum Beispiel einen genauen Innendurchmesser drehen benötigt man einen Innendrehmeißel zum Innenrunddrehen.
Soll eine Nut angefertigt werden (zum Beispiel für einen O- Ring) dann wird ein Nutenstecher benötigt, welcher für Innendrehen und Außendrehen verfügbar ist.

1. Eckdrehmeißel

Mit Eckdrehmeißeln kann man Außenrunddrehen und gleichzeitig
rechtwinklige Absätze drehen.
Es gibt rechte und linke Eckdrehmeißel.
Rechte Drehmeißel werden für die Bearbeitung von rechts nach
links verwendet, während linke Drehmeißel für die Bearbeitung
von links nach rechts eingesetzt werden

Linker Eckdrehmeißel mit HM Wendeplatte

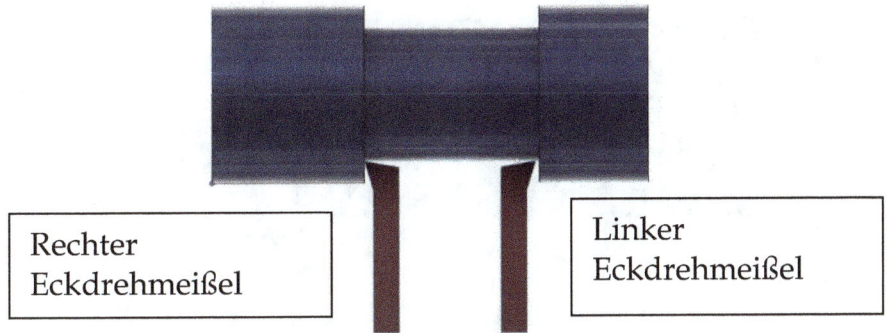

Rechter
Eckdrehmeißel

Linker
Eckdrehmeißel

Schematische Darstellung linker und rechter Eckdrehmeißel Unterschied

.

2. Inneneckdrehmeißel

Wie der Name schon sagt, handelt es sich hier um das Gegenstück zum Außeneckdrehmeißel. Es ist mit dem Inneneckdrehmeißel wieder möglich genaue rechtwinklige Absätze zu fertigen wie zum Beispiel für Lagersitze.

Inneneckdrehmeißel mit Hartmetallwendeplatten

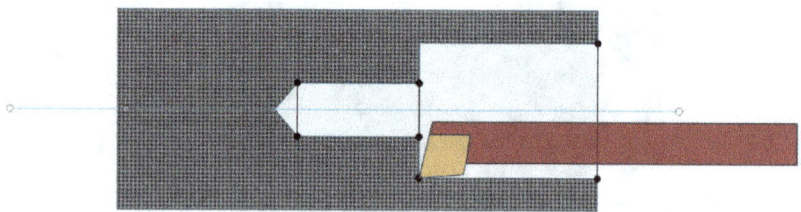

Innendrehmeißel in Schnittdarstellung

3. Stechdrehmeißel

Mit Stechdrehmeißeln kann man Nuten stechen, oder aber auch trennen mittels Abstechens. Der Stechdrehmeißel hat einen vierkantigen Grundkörper mit vorne einer schmalen langen Stechklinge, welche wiederum entweder mit HM bestückt ist oder der ganze Drehmeißel aus HSS ist.
Die Vorschubbewegung erfolgt ausschließlich in X-Richtung (Planschlitten) da der Stechdrehmeißel durch seine dünne Stechklinge nur sehr wenig Kraft seitlich aufnehmen kann.

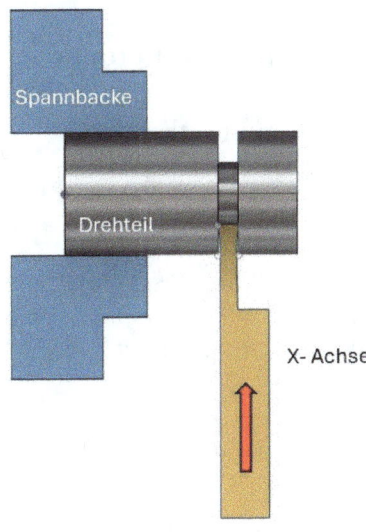

Abbildung 1 Einstechen einer einfachen Nut ins Drehteil

Multiple Choice Test zum Thema Drehmeißel

Lösungen: 1:b,c | 2:c,d | 3:a,b,d

1. Schneidstoffe sind

a. Fingernagel- und Haarscheren

b. Schnellschnittstahl (HSS), Hartmetall gelötet, HM Wendeplatten

c. notwendig zum Zerspanen

d. zum Stoff schneiden

2. Eckdrehmeißel sind zum Drehen von

a. Gewinden mit 60 Grad Flankenwinkel

b. der Hauptspindel mit Gleitlager

c. Außendurchmessern im Vorschub nach links oder rechts

d. rechtwinkligen Absätzen geeignet

3. Stechdrehmeißel sind

a. zum Abtrennen von fertigen Drehteilen

b. zum Einstechen von Nuten

c. seitlich stark belastbar

d. verfügbar mit verschiedenen Schneidstoffen

Messsysteme an der Drehmaschine

Beim Drehen ist präzises Arbeiten entscheidend. Um Werkstücke mit den gewünschten Maßen herstellen zu können, müssen die Bewegungen der Werkzeugschlitten genau gemessen und eingestellt werden.

Dazu verfügen Drehmaschinen über verschiedene **Messsysteme**, mit denen die Position der Werkzeugschlitten bestimmt werden kann. Diese Messsysteme zeigen an, wie weit sich ein Werkzeug entlang der einzelnen Achsen bewegt hat.

Grundsätzlich unterscheidet man zwei Arten von Messsystemen:

- **Analoge Messsysteme** (Skalen und Nonius an den Handrädern)

- **Digitale Messsysteme** (Digitalanzeigen mit Messlinealen oder Glasmessstäben)

Bei analogen Maschinen befinden sich an den Handrädern der Schlitten sogenannte Skalen. Mit diesen Skalen kann der Bediener die Zustellung des Werkzeuges ablesen und einstellen.

Moderne oder nachgerüstete Drehmaschinen besitzen häufig eine **digitale Positionsanzeige (DRO – Digital Read Out)**. Dabei messen sogenannte Glasmessstäbe die genaue Position der Werkzeugschlitten und übertragen diese Werte an eine digitale Anzeige.

Mit solchen Systemen kann schneller und oft auch präziser gearbeitet werden.

Analoge Messsysteme

Standardmäßig ist an den meisten Maschinen ein sogenanntes analoges Messsystem verbaut.

Beim analogen Messsystem sind an der Handkurbel der einzelnen Maschinenachsen (Längsschlitten, Planschlitten und Oberschlitten) je an der Handkurbel eine Messskala angebracht, mit der man die nötigen Maßeinstellungen machen kann.

Das Arbeiten mit diesen konventionellen Messskalen ist aufwändiger und denkintensiver als das Arbeiten mit dem digitalen Messsystem.

Oft ist an alten konventionellen Maschinen zusätzlich zu dem vorhandenen analogen Messsystem ein digitales System (Digitalanzeige nachgerüstet, um ein schnelleres präzises Arbeiten zu gewährleisten. Dafür ist an den jeweiligen Achsen ein sogenannter Glasmessstab montiert, der die genaue Position des jeweiligen Werkzeugschlittens erfasst und an ein digitales Anzeigegerät überträgt.

Um die genaue Position der Werkzeugschlitten zu erfassen ist an jedem Werkzeugschlitten ein Messstab (meist Glasmessstab) angebracht welcher mittels Datenkabel am digitalen Ausgabegerät verbunden ist.

Hier sieht man die analoge (konventionelle) Anzeige am Planschlitten

Eine Umdrehung ist hier 8 mm im Durchmesser

Nonius am Planschlitten bei der ein Teilstrich 0,1 mm im Durchmesser ist

Digitale Messysteme

Neben der sogenannten analogen Messeinrichtung, welche meist Zahlenskalen an den Handrädern der Achsen sind, gibt es auch noch die digitalen Messeinrichtungen, welche sich aus Messlinealen und den einzelnen Achsen und zugehöriger Digitalanzeige zusammensetzen.

Vorteile der digitalen Anzeige ist die Einfachheit, welche es das Arbeiten an der Maschine enorm erleichtert und vor allem schneller macht.

Digitalanzeigegerät mit 3 möglichen Achsen

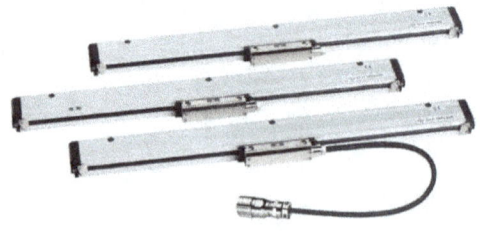

Ein Set Glasmessstäbe für 3 Achsen

Das Koordinatensystem an der Maschine

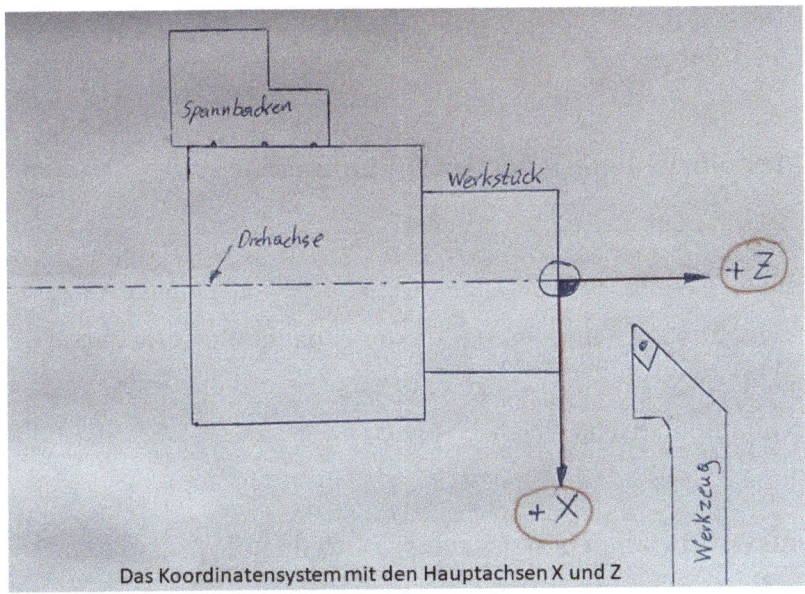

Das Koordinatensystem mit den Hauptachsen X und Z

Drehmaschinen haben ein einfaches Koordinatensystem mit den zwei Hauptachsen X und Z und noch zusätzlich die Achse für den Oberschlitten welche oft mit Z2 bezeichnet wird.

Die Z-Achse verläuft entlang der Drehachse des Werkstückes. Bewegungen in dieser Richtung verändern die Länge des bearbeiteten Bereichs.

Die X-Achse verläuft quer zur Drehachse. Bewegungen in dieser Richtung verändern den Durchmesser des Werkstückes.

Tipp: Beim Zustellen in X-Richtung wird meist der Durchmesser verändert**, da sich das Werkzeug auf beiden Seiten des Werkstücks aus**

Multiple Choice Test zum Thema Messsysteme an der Drehmaschine

Lösungen: 1:a,c | 2:a,b | 3:a,c

1. Die Messeinrichtungen bei der Drehmaschine sind

a. digital oder analog

b. nicht wichtig

c. zum Anzeigen und feststellen der genauen Position der Werkzeugschlitten

d. vollautomatische CNC-Systeme

2. Glasmessstäbe an den Werkzeugschlitten sind

a. dazu, die genaue Position der Werkzeugschlitten ans digitale Anzeigegerät zu übermitteln

b. über Datenkabel mit der Anzeige verbunden

c. zum Halten der Biergläser

d. zum Messen der Spindellagertemperatur

3. Die Achsen an der Drehmaschine sind

a. in der Längsrichtung (Bettschlitten) die Z- Achse

b. sind auf drei Tonnen beschränkt

c. in der Querachse (Planschlitten) die X- Achse

d. im Spindelstockgetriebe

Notwendige Einstellungen vor dem Drehen

Bevor mit der eigentlichen Bearbeitung eines Werkstückes begonnen wird, müssen an der Drehmaschine einige wichtige Einstellungen vorgenommen werden. Diese Einstellungen sind entscheidend für die Bearbeitungsqualität, die Maßgenauigkeit und die Sicherheit während der Arbeit.

Eine sorgfältige Vorbereitung hilft außerdem, Werkzeugverschleiß zu reduzieren und ein sauberes Bearbeitungsergebnis zu erzielen.

Zu den wichtigsten Einstellungen gehören:

- korrektes Spannen des Werkstückes

- sicheres Einspannen des Drehmeißels

- Einstellen der richtigen Werkzeughöhe

- Wahl der passenden Drehzahl

- Einstellen des richtigen Vorschubs

Besonders wichtig ist dabei die **Schneidenhöhe des Drehmeißels**. Die Schneidkante des Werkzeugs muss möglichst genau auf der Höhe der Drehachse liegen. Diese Höhe wird häufig mithilfe einer Zentrierspitze eingestellt.

Ist das Werkzeug zu hoch oder zu niedrig eingestellt, kann es zu schlechter Oberflächenqualität, erhöhtem Werkzeugverschleiß oder Maßabweichungen kommen.

Nachdem alle Einstellungen vorgenommen wurden, empfiehlt es sich, die Maschine kurz im Leerlauf laufen zu lassen, um die Drehrichtung zu überprüfen und sicherzustellen, dass sich alle Teile frei bewegen.

Einstellen der Schneiden Höhe mit der Zentrierspitze

Höhe des Drehmeißels
einstellen

Die Schraube zum Einstellen der Schneiden Höhe am Werkzeughalter

Einstellwinkel am Drehmeißel und Spanquerschnitt

Der Einstellwinkel ist der Winkel zwischen der Hauptschneide des Drehmeißels und der Vorschubrichtung. Der Einstellwinkel bestimmt auch die Form des Spanquerschnittes.

Besagter Winkel ist einstellbar am Werkzeughalter, indem man den Halter mit dem Drehmeißel in die gewünschte Schräge stellt oder das Werkzeug selbst hat die gewünschte Schräge an der Schneide

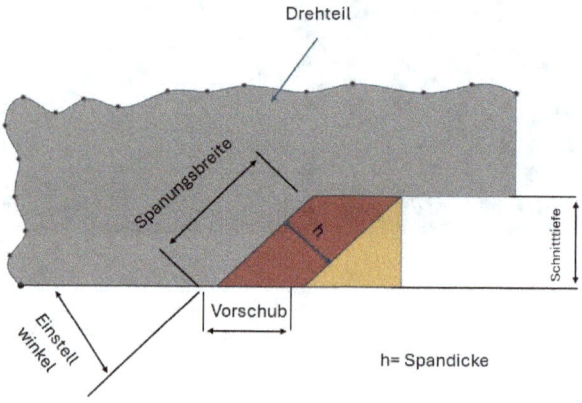

Am Spindelstock ist der richtige Gang einzulegen, um die berechnete oder aus der Tabelle entnommene Drehzahl so genau wie möglich zu erreichen.

Spindelstock mit Tabellen und Schalthebeln für die richtige Gangwahl

Ebenso soll je nach Art des Vorschubes (Zugspindel oder Leitspindel) die entsprechende Spindel aktiviert (eingekuppelt) werden und die Schlossmutter (Leitspindel) geschlossen oder geöffnet sein.

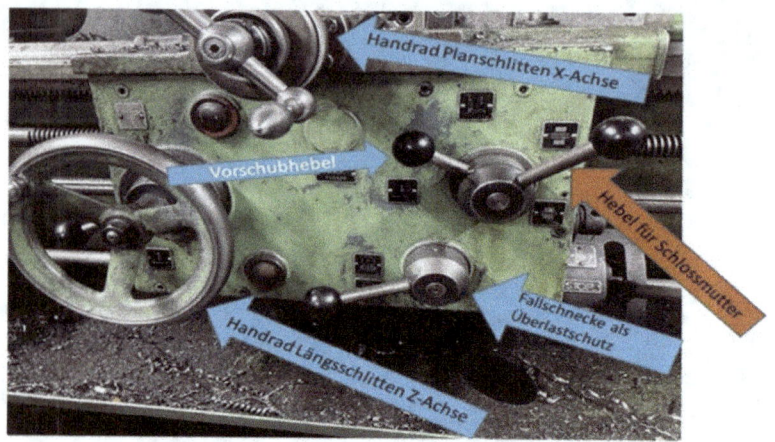

Schlosskasten am Längsschlitten mit entsprechenden Schalthebeln

Die einzustellende Drehzahl hängt auch davon ab welches Material (Alu, Stahl, Grauguss, Messing, usw..) bearbeitet wird und welcher Schneidstoff (Hartmetall, HSS, Diamant, Cermet, usw.) am Drehmeißel verwendet wird.

Vorschubgetriebe mit Schalthebeln für die unterschiedlichen Geschwindigkeiten

Beim Vorschubgetriebe soll dann auch die richtige Vorschubgeschwindigkeit in Millimeter pro Umdrehung eingestellt werden, welche vorher durch Tabellen und oder Berechnung festgestellt wurde.
Es ist auch ein Unterschied, ob man Schruppen oder Schlichten tut.

Beim Schruppen wird mit größerer Zustelltiefe und höherem Vorschub gearbeitet, um möglichst viel Material schnell abzutragen.
Beim Schlichten hingegen werden kleinere Zustellungen und geringere Vorschübe verwendet, um eine gute Oberflächenqualität zu erreichen.

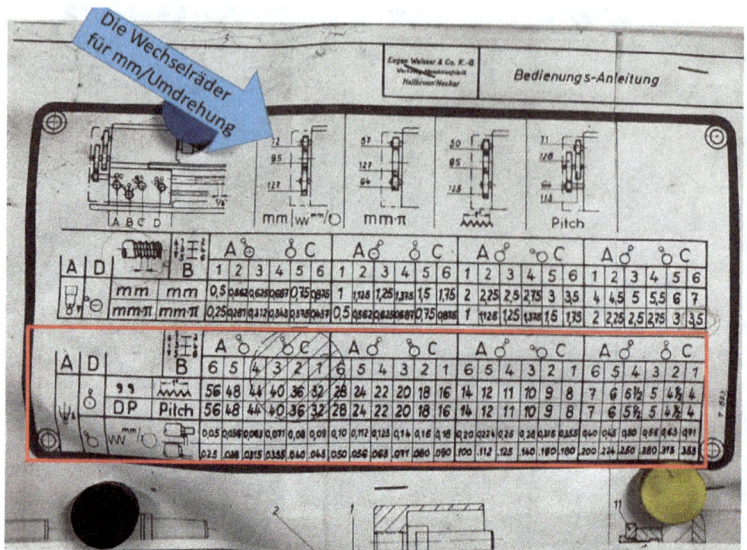

Bedienungsanleitung meiner Drehmaschine mit den nötigen Tabellen um die richtigen Vorschübe und Steigungen einzustellen

Multiple Choice Test zum Thema Einstellungen an der Drehmaschine

Lösungen: 1:a,c | 2:a,c |3:a,c,d | 4:a,d

1. Die Werkzeuge müssen vor der Bearbeitung

   a. mit Hilfe der Zentrierspitze auf die genaue Höhe eingestellt werden

   b. desinfiziert werden

   c. fest im Werkzeughalter eingespannt werden

   d. mit dem Gleitlager Öl der Hauptspindel geölt werden

2. Die Drehzahl der Hauptspindel am Spindelstock

   a. wird mit den Einstellhebeln (Ganghebeln) so genau wie möglich laut Berechnung eingestellt

   b. ist nicht wichtig

   c. wird je nach zu bearbeitendem Material und verwendeten Schneidstoff berechnet und eingestellt

   d. ist immer über 10.000 Umdrehungen

3. Der Vorschub in mm pro Umdrehung

    a. wird laut Schneidstoffhersteller an der Maschine eingestellt

    b. ist reine Schätzung

    c. ist beim Schruppen eher größer als beim Schlichten

    d. kann auch aus Tabellen entnommen werden

4. An den meisten Universaldrehmaschinen sind Tabellen angebracht

    a. um die Drehzahl und den Vorschub nach vorheriger Berechnung richtig einzustellen

    b. um die Lottozahlen zu berechnen

    c. um die Viskosität des Spindellageröls zu bestimmen

    d. um die richtigen Wechselräder für das Wechselradgetriebe beim Gewindeschneiden zu ermitteln

Drehverfahren

Mit einer Drehmaschine lassen sich viele unterschiedliche Bearbeitungen durchführen. Diese verschiedenen Bearbeitungsarten werden als **Drehverfahren** bezeichnet.

Je nach Bewegung des Werkzeuges und der gewünschten Werkstückform kommen unterschiedliche Verfahren zum Einsatz. Dabei wird das Werkstück meist in Rotation versetzt, während sich das Werkzeug kontrolliert entlang der Oberfläche bewegt und Material in Form von Spänen abträgt.

Die wichtigsten Drehverfahren auf konventionellen Drehmaschinen sind:

- Runddrehen

- Plandrehen

- Abstechdrehen

- Gewindedrehen

- Kegeldrehen

- Profildrehen

- Exzenterdrehen

Mit diesen Verfahren lassen sich viele typische Bauteile herstellen, wie zum Beispiel Wellen, Bolzen, Gewinde oder Lagersitze.

In den folgenden Abschnitten werden die wichtigsten Drehverfahren und ihre Anwendung näher erklärt.

Runddrehen

Ist nötig um eine zylindrische Fläche erzeugen. Die Vorschubbewegung ist meist in Richtung der Drehachse (Längs-Runddrehen), der Durchmesser des Werkstückes wird dadurch verringert.

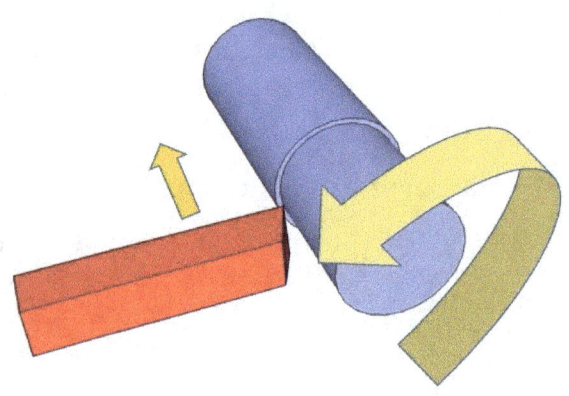

Schematische Darstellung Längsrunddrehen

Beispiele für die Anwendung sind zum Beispiel das Erzeugen von Lagersitzen, Gewinden (nötiger Durchmesser)
Bei langen Drehteilen ist es zusätzlich zu empfehlen eine Zentrierbohrung zu machen und mittels Zentrierspitze das Drehteil zu führen, so kann ein zu starkes Ausweichen durch die auftretenden Schnittkräfte verhindert werden.

Das Runddrehen gehört zu den häufigsten Bearbeitungen auf der Drehmaschine, da viele Maschinenteile zylindrische Formen besitzen.

Hierauf ist zu achten:

- o Drehteil fest im Backenfutter einspannen
- o Auf Rundlauf achten
- o Das Drehteil nicht zu weit aus dem Spannfutter ausspannen (herausragen)
- o Bei längeren Teilen eine Zentrierbohrung einfügen und mit Zentrierspitze drehen
- o Den Drehmeißel in der Höhe (Drehachse) genau mittig einstellen
- o Die Schnittdaten (Drehzahl, Vorschub, Schnitttiefe entsprechend dem zu bearbeitenden Material (Stahl, Messing, Alu) und Schneidstoff (meist HSS oder HM) einstellen

Längsrunddrehen

Plandrehen

Damit kann eine rechtwinklig zur Drehachse liegende ebene Fläche erzeugt werden

Hierbei ist die Vorschubbewegung nicht in der Längsachse des Werkstückes, sondern quer dazu!
Zweck ist es eine plane Stirnfläche am Werkstück zu erzeugen.

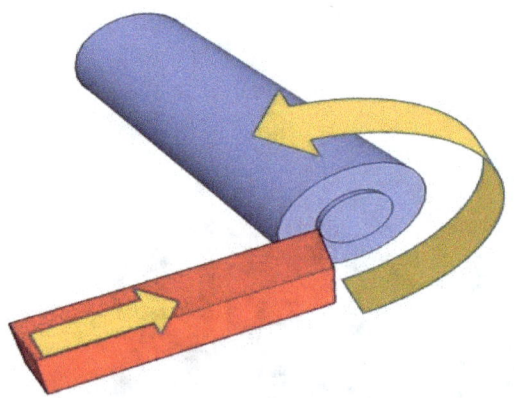

Abbildung 2 Schematische Darstellung Plandrehen

Das Plandrehen wird häufig verwendet, um Werkstücke auf eine genaue Länge zu bringen oder eine saubere Auflagefläche zu erzeugen.

Worauf ist zu achten:
- o Das Werkstück wie immer fest im Backenfutter einspannen
- o Gleiche Schnittdaten wie beim Längsdrehen beibehalten
- o Wieder das Werkstück nicht zu weit aus dem Backenfutter herausragen lassen
- o Nur so viel Span abnehmen wie notwendig, um eine plane Oberfläche zu bekommen
- o Die Höhe der Drehmeißel Spitze soll genau auf die Mitte vom Werkstück eingestellt sein auch genannt Spitzenhöhe

Plandrehen

Abbildung 3 Einstellen der Spitzenhöhe

Abstechdrehen

wird verwendet, um z.B. ein fertiges Drehteil abzutrennen und der Vorschub wird ähnlich wie beim Plandrehen rechtwinklig zur Drehachse ausgeführt.

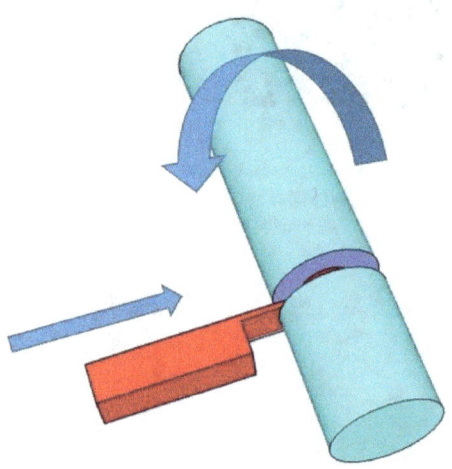

Abstechdrehen

Die Vorschubbewegung ist quer zur Längsachse des Werkstückes und wird ähnlich wie beim Plandrehen ausgeführt.
Hierzu wird ein so genannter Abstechdrehmeißel verwendet welcher schmal und lang ist, um eine schmale Abstechnut zu erzeugen und mit wenig Materialverlust das Werkstück abzutrennen.

Worauf ist wieder zu achten:

- Das Werkstück nicht zu weit auszuspannen (Vibrationen vermeiden)
- Die Schnittdaten laut Material und Schneidstoffhersteller einstellen
- Die Vorschubbewegung, wenn nötig zum Ausspanen unterbrechen (Klemmen vermeiden)
- Bei sehr tiefem Einstechen die Nut eventuell mehrspurig machen (Klemmen vermeiden)
- Schutzeinrichtungen verwenden, um das Herausfliegen des Teiles zu vermeiden (Spindelabdeckung)
- Schutzbrille verwenden

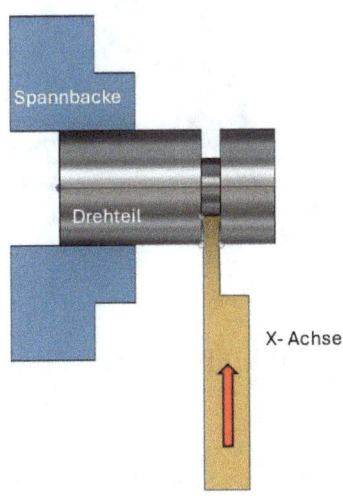

Abbildung 4 Abstechdrehen schematisch

Schraubdrehen

wird meist verwendet um mit einem Profilwerkzeug (Gewindestahl) eine Schraubfläche (Gewinde), wobei der Vorschub je Umdrehung gleich der Steigung der Schraube ist, zu erzeugen.

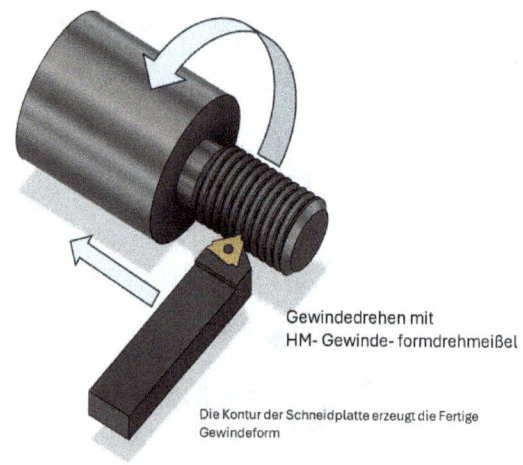

Gewindedrehen mit
HM- Gewinde- formdrehmeißel

Die Kontur der Schneidplatte erzeugt die Fertige
Gewindeform

Hier oben der Formdrehstahl (HM- Platte erzeugt einen fertigen Gewindegang)

Um ein Gewinde herzustellen ist es als erstes notwendig sich aus einem Tabellenbuch die nötigen Daten (Maße, Steigung, Durchmesser, Winkel, …) zur Fertigung herauszusuchen.
Es gibt Formdrehmeißel, welche die fertige Form des Gewindeganges ohne die Verstellung des Oberschlittens nur mit Zustellung in der
X-Achse herstellen und aber auch Drehmeißel, bei denen es zusätzlich erforderlich ist, die Breite des Gewindeganges mit dem Oberschlitten einzustellen.

Beim Gewindedrehen wird die Zugspindel an der Drehmaschine ausgekuppelt und die Leitspindel (Die Leitspindel leitet das Gewinde) aktiviert im Vorschubgetriebe (je nach Drehmaschine verschieden). Danach wird die Schlossmutter am Schlosskasten geschlossen, um eine kraftschlüssige Verbindung der aktivierten Leitspindel mit dem Längsschlitten herzustellen.

Achtung: Die Leitspindel wird beim Drehvorgang dann nicht mehr ausgekuppelt (wie beim Vorschub)
Sondern bleibt drin. (sonst verliert man den Gang)
Das heißt wenn im Rechtslauf der Gewindegang zu Ende ist wird das Werkzeug mit dem Oberschlitten etwas zurückgenommen, die Hauptspindel dann umgekehrt eingeschaltet und so fährt der Bettschlitten wieder retour.
Des Weiteren ist es nötig als Vorbereitung den richtigen Durchmesser durch Längsdrehen herzustellen und einen so genannten Gewindefreistich
Die Vorgehensweise ist jetzt etwas schwieriger.

Auch hier gilt es die Schutzbrille zu verwenden, denn bei einem Bedienfehler können Splitter vom Werkzeug abspringen. (bei Crash). Hartmetall splittert gerne.

Nenndurchmesser
Gewinde

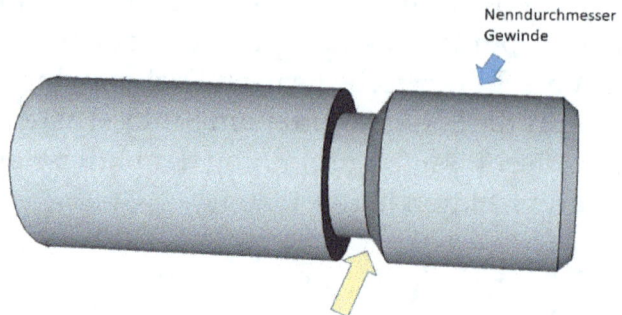

Darstellung des Freistiches, Die genauen Maße sind in Tabellen zu finden

Kegeldrehen

Entweder wird der Oberschlitten schräggestellt und mittels der Oberschlittenkurbel der Kegel gefertigt oder die zweite Möglichkeit ist es den Reitstock außermittig zu stellen umso mit dem normalen Längsschlitten Vorschub den Kegel zu drehen.

Der Gesamtwinkel des Kegels ergibt sich durch den Einstellwinkel am Oberschlitten oder Reitstock mal 2.

Die Schnittdaten können gleich wie beim Längsdrehen belassen werden.

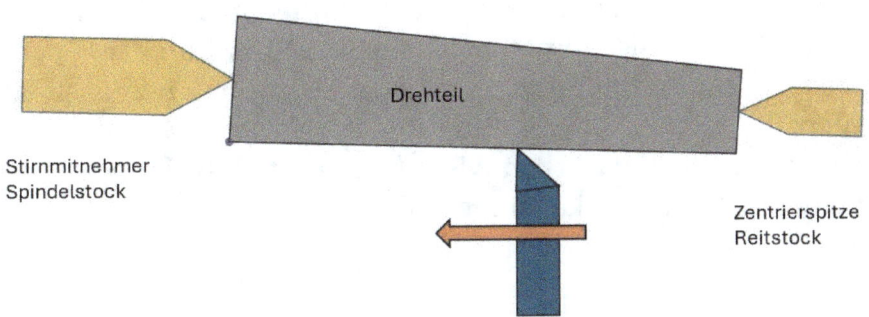

Kegeldrehen zwischen Spitzen mit Verstellung des Reitstocks

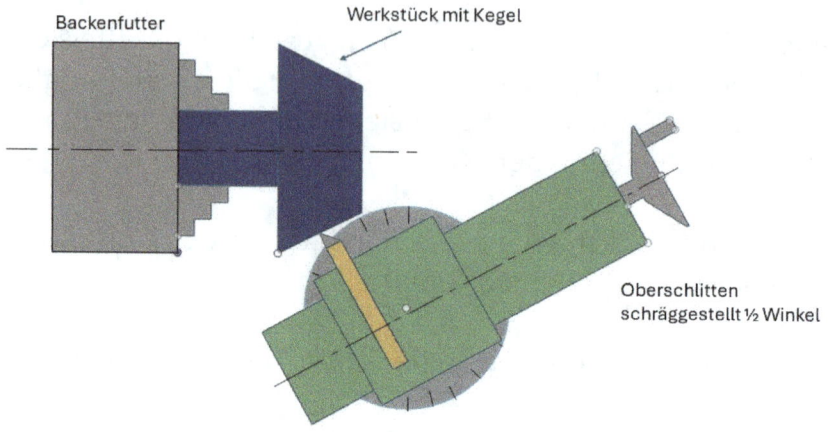

Kegeldrehen mittels Verstellung des Winkels am Oberschlitten

Der Unterschied zum Kegeldrehen zwischen Spitzen ist hier, dass die Vorschubbewegung mit dem Oberschlitten gemacht werden muss und dieser meist keinen maschinellen Vorschub hat.
Somit ist es notwendig mit viel Gefühl den Schlitten händisch zu bewegen.
Der Drehmeißel soll natürlich wieder genau in Achs Höhe sein und in einem günstigen Winkel eingestellt.

Worauf achten:

- Werkstück fest einspannen und nicht zu weit ausspannen, ansonsten Zentrierspitze verwenden
- Oberschlitten schrägstellen und die Klemmschrauben festziehen nicht vergessen
- Schnittdaten auf das Material und das Werkzeug einstellen
- Vorschruppen und zum Schluss noch einen Schlichtspan mit höherer Schnittgeschwindigkeit (Drehzahl) und wendiger Vorschub (an der Kurbel) nehmen, um eine schöne Oberfläche zu erhalten.
- Immer Schutzbrille verwenden!

Drehen mit der Lynette

Das Drehen mit einer Lynette wird meist für lange Werkstucke verwendet welche ganz am Ende oder stirnseitig (Plandrehen) bearbeitet werden müssen. Oder aber auch wenn Bohrungen an der Stirnseite von langen Drehteilen gemacht werden sollen.

Hier eine typische Gleitlager- Lynette

Drehen mit Lynette

Drehen mit Zentrierspitze

Beim Drehen mit der Zentrierspitze wird als erstes eine so genannte Zentrierbohrung an der Stirnseite des Drehteils mit einem Zentrierbohrer angefertigt.
Danach kann mittels Zentrierspitze im Reitstock das lange Drehteil geführt werden.

Abbildung 5 Reitstock mit Kugelgelagerter Zentrierspitze

Um mit einer Zentrierspitze zu arbeiten ist es erforderlich zuvor eine so genannte Zentrierbohrung mit einem sogenannten Zentrierbohrer zu fertigen.

Abbildung 6 Drehteil fertig zentriergebohrt mit Zentrierbohrer im Bohrfutter des Reitstockes

Abbildung 7 Langes Drehteil (3xDurchmesser min.) geführt mit der Zentrierspitze

Drehen mit Zentrierspitze

Zentrierbohren zum Bohren

Beim Bohren an der Drehmaschine wird mittels eingespannter Bohrer am Reitstock eine Bohrung genau im Zentrum des Werkstückes gemacht.
Um die Bohrung genau in der Mitte des Werkstückes anzubringen, wird zum sogenannten Zentrieren ein Zentrierbohrer benötigt, welcher sich wie der Name schon sagt, selbst ein zentriert.
Die Zentrierbohrung kann danach mit einem normalen Spiralbohrer aufgebohrt werden.

In weiterer Folge kann dann die Bohrung mit einem Innenddrehmeißel weiterbearbeitet werden und so die nötigen Durchmesser und Bohrungstiefen und Einstiche usw. laut Fertigungszeichnung zu erstellen

Zentrierbohren

S

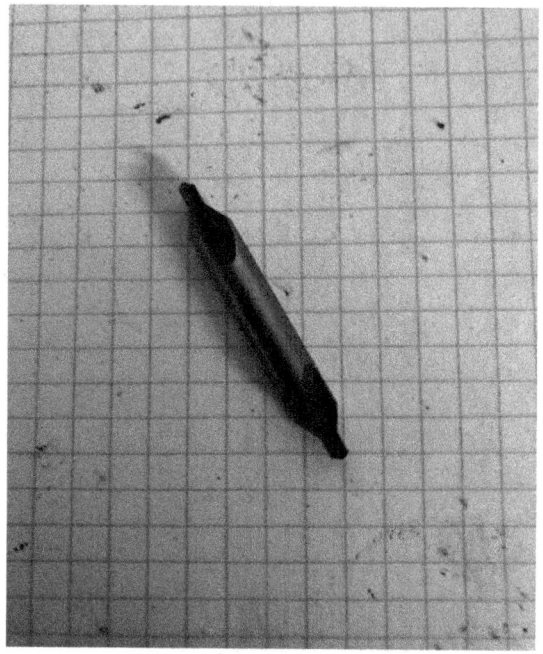

Abbildung 9 Zentrierbohrer eingespannt im Bohrfutter mit MK3 Kegelschaft

Fasendrehen

Das Fasen drehen ist eigentlich eine Unterart des Profildrehens bei der ein Werkzeug mit einer schrägen Schneidkante die Kanten am Werkstück bearbeitet. Zum Beispiel eine 45° Fase.

Auch mit einer CNC-Steuerung kann gefast werden und es wird dann kein Drehmeißel mit der Fasen Schräge benötigt, da die Steuerung mit einem normalen Eckdrehmeißel die Kontur der Fase abfährt.

Abbildung 10 45- Grad Fasendrehmeißel mit aufgelötetem Hartmetall

Exzenterdrehen

Beim Exzenterdrehen wird bewusst durch exzentrisches Spannen im Backenfutter (3- Backen) eine runde Fläche (Zylinder) gefertigt der der Ursprungsrundheit abweicht.
Dies kann zum Beispiel durch Einlegen eines Distanzbleches beim Spannen der Welle in einem 3- Backen- Futter erreicht werden oder beim Spannen mit einer Planscheibe, wenn die Backen nicht zentrisch gespannt werden.

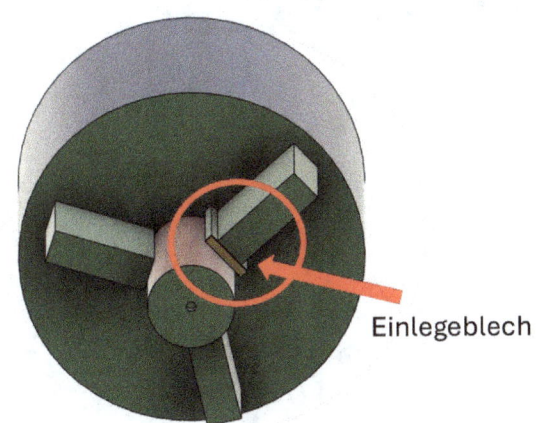

Einlegeblech

Durch Einlegen eines Bleches exzentrisch
gespanntes Drehteil im Backenfutter

Eine weitere Möglichkeit einen Exzenter herzustellen ist die Bearbeitung mittels CNC-Drehmaschine, bei der sich das Werkzeug entsprechend der programmierten Exzentrizität von und zum Werkstück während der Bearbeitung bewegt.

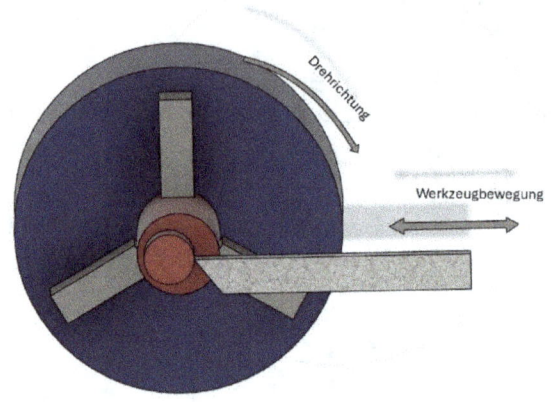

Abbildung 11   Exzenterdrehen mittels CNC-Steuerung

Hier sieht man eine Exzenterbearbeitung mit CNC bei, welcher das Werkzeug von und zu dem Werkstück sich bewegt.

Profildrehen

Beim Profildrehen wird das Werkstück mit einem Drehmeißel bearbeitet, der eine spezielle Kontur an der Schneidkante aufweist. Dadurch ist es möglich eine Kontur am Werkstück zu fertigen, ohne ein CNC-Programm dafür zu benötigen.
Beispiele dafür sind: Radien, Nuten (Keilriemen, Federring, O-Ring- Nut, usw.) oder Kugelformen.
Die Zustellung vom Werkzeug kann in X und in Z Richtung erfolgen.

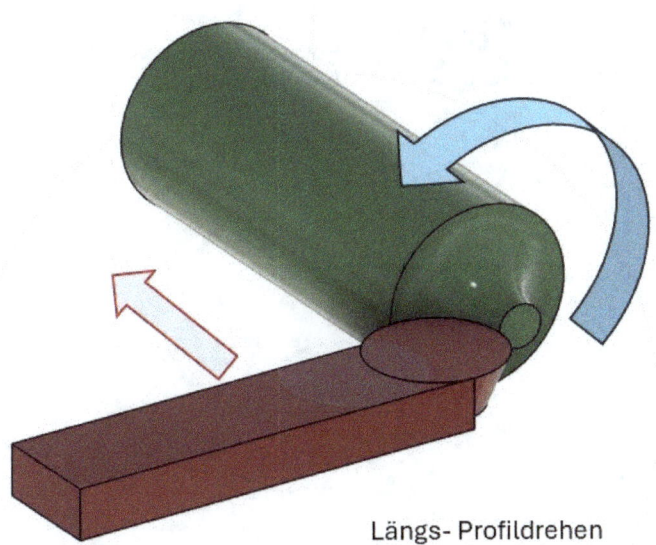

Längs- Profildrehen

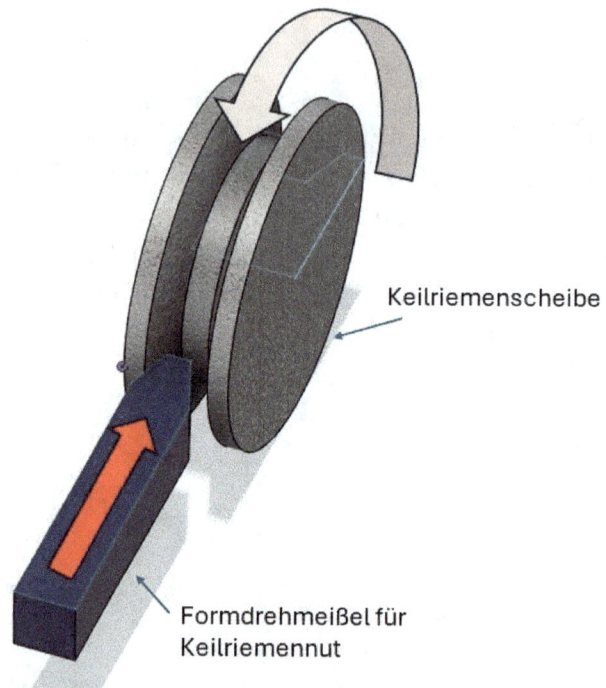

Keilriemenscheibe

Formdrehmeißel für
Keilriemennut

Stechen einer Keilriemennut mit einem Formdrehmeißel dafür (Querprofildrehen)

Multiple Choice Test zu Drehverfahren

Lösungen: 1:b&c&d | 2:b&c | 3:b&d | 4:a&c | 5:b&c | 6:a&b | 7:b | 8:a&b | 9:a&c | 10:a&b&c

1. Das Runddrehen ist dazu da

- a. unrunde Flächen zu fräsen
- b. einen genauen Durchmesser auf einem Drehteil zu fertigen
- c. einen Nenndurchmesser für das folgende Gewinde zu fertigen
- d. einen Lagersitz zu fertigen

2. Das Plandrehen wird benötigt um

- a. einen Bauplan von der Drehmaschine zu plotten
- b. eine genaue Stirnfläche am Werkstück zu drehen
- c. das Werkstück auf eine genaue Länge laut Plan zu bringen
- d. um Plastikplanen zum Abdecken der Späne zu drucken

3. Das Abstechdrehen

- a. sticht den Plan ab
- b. trennt Drehteile vom Rohmaterial mittels Abstechdrehmeißel
- c. macht einen Abstecher in die Schneidstofflehre
- d. kann mit HM bestückten oder HSS Drehmeißeln gemacht werden

4. Das Schraubdrehen

- a. wird hauptsächlich zum Gewinde fertigen benötigt
- b. Schraubt den Dreher mit seinen losen Handschuhen um die Hauptspindel
- c. wird mit der eingekuppelten Schlossmutter an der Leitspindel gemacht
- d. ist im Metallbereich fest verschraubt

5. Kegeldrehen kann man

    a.   an der Kegelbahn nach 10 Bier

    b.   mit Verstellung des Oberschlittens mit dem gewünschten Winkel mal 2 und händischen Vorschub an der Kurbel

    c.   mit Verstellung der Mitte des Reitstockes mit Maschinenvorschub

    d.   mit einem Kegel oder mehreren

6. Mit einer Lynette lässt sich

    a.   ein langes Werkstück an der Stirnseite bearbeiten

    b.   ein langes Werkstück in der Mitte unterstützen

    c.   die Welle mit einer Biegung drehen

    d.   das Öl im Hauptspindel Gleitlager besser erwärmen

7. Die Zentrierspitze wird benötigt um

    a.   die Gedanken zu zentrieren

    b.   lange Werkstücke in einer Zentrierbohrung zu führen, um das Ausweichen zu verhindern

    c.   die Macht im Spindelstockgetriebe zu zentrieren

    d.   an der Spitze die Eisenatome zu zentrieren

8. Fasendrehen kann

    a.   mit einem Fasen Drehmeißel gemacht werden ohne CNC-Steuerung

    b.   mit einem Eckdrehmeißel an einer CNC-Maschine gemacht werden

    c.   die Fasen des Lebens drehen

    d.   die Fasen beim Drehstrom im Spindelmotor beeinflussen

9. Mit Hilfe eines Distanzbleches kann man Exzenterdrehen

 a. im Dreibackenfutter
 b. ohne Distanz zum Schlosskasten
 c. und die genaue Exzentrizität des Exzenters mit dem Blech einstellen
 d. ohne durchzudrehen

10. Profildrehen in Längs und Querrichtung

 a. kann mit einem Drehmeißel im gewünschten Profil gemacht werden
 b. erstellt ein gewünschtes Profil der Oberfläche mit einem eigens dafür zugeschliffenen Profildrehmeißel
 c. kann Längs und Quer laufen
 d. polarisiert die Gemüter

Spanungsvorgang und Spanungsgrößen beim Drehen

Beim Drehen wird Material vom Werkstück in Form von Spänen abgetragen. Dieser Vorgang wird als **Spanen** oder **Zerspanung** bezeichnet.

Dabei wird das Werkstück durch die Hauptspindel der Drehmaschine in Rotation versetzt. Das Werkzeug – der Drehmeißel – bewegt sich kontrolliert entlang der Werkstückoberfläche und schneidet dabei Material ab.

Durch das Eindringen der Schneide in das Werkstück entsteht ein Span, der über die Spanfläche des Werkzeugs abfließt.

Der Zerspanvorgang wird im Wesentlichen von drei wichtigen Größen bestimmt:

- **Schnittgeschwindigkeit (Vc)**

- **Vorschub (f)**

- **Schnitttiefe (ap)**

Diese Größen werden zusammen als **Schnittdaten** bezeichnet und haben großen Einfluss auf:

- Oberflächenqualität

- Werkzeugstandzeit

- Spanbildung

- Bearbeitungszeit

Die richtigen Schnittdaten hängen von mehreren Faktoren ab, zum Beispiel:

- Werkstoff des Werkstücks

- Schneidstoff des Werkzeugs

- gewünschte Oberflächenqualität

- Leistungsfähigkeit der Drehmaschine

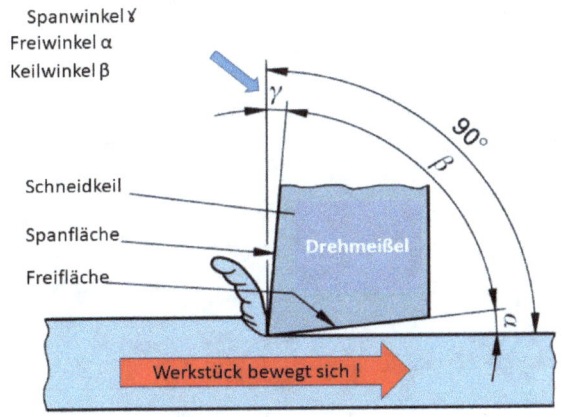

Die allgemeine Werkzeugschneide (beim Drehen bewegt sich das Werkstück)

Die Abbildung zeigt den Zerspanvorgang beim Drehen. Der Drehmeißel dringt in das rotierende Werkstück ein und trennt Material in Form eines Spans ab. Die Größe des Spans wird durch Vorschub, Schnitttiefe und den Einstellwinkel des Werkzeugs beeinflusst.

Schnittdaten

Die Schnittdaten (Schnittgeschwindigkeit, Drehzahl, Schnitttiefe, Vorschub) werden immer abhängig von dem zu bearbeitenden Material, dem Schneidstoff, der Kühlung (vorhanden oder nicht) und den Angaben des Schneidstoffherstellers eingestellt.

Ein paar Merksätze:

- ✓ Desto höher die Drehzahl, desto höher auch die Schnittgeschwindigkeit. (bei gleichem Durchmesser)

- ✓ Bei gleicher Drehzahl ist die Umfangsgeschwindigkeit bei größerem Durchmesser höher als bei kleinem Durchmesser.

- ✓ Die Leitspindel leitet das Gewinde

Schnittdatenberechnung

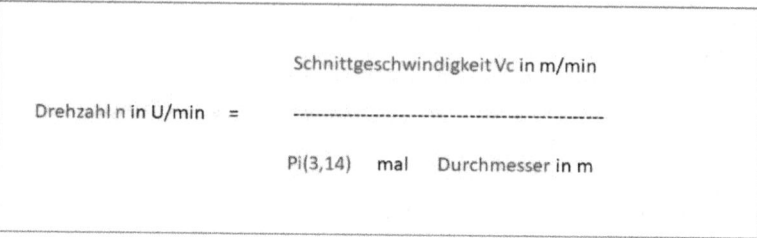

Die Formel um die Drehzahl zu berechnen

Abbildung 12 Formel zur Drehzahlberechnung

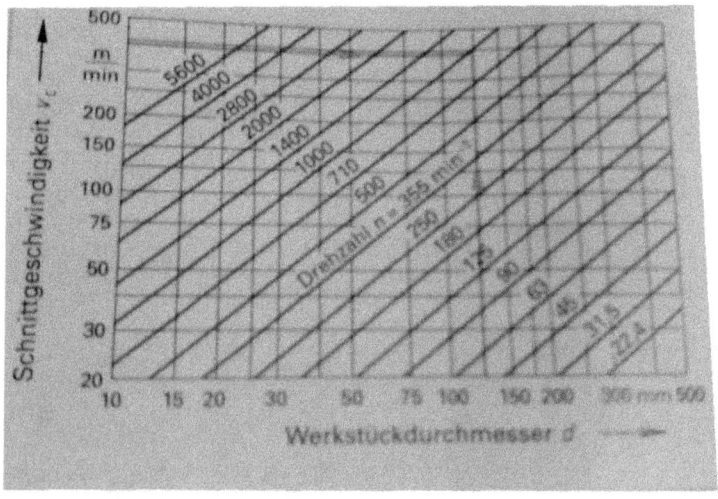

Abbildung 13 Tabelle zum erfahren der Drehzahl

Beispiel zur Berechnung der Schnittdaten an einem einfachen Drehteil

Angenommen wir haben ein Rundmaterial aus Stahl S235 im Durchmesser von 40mm und einer Länge von 150mm.

Das Drehteil soll nun einen Durchmesser von 35mm auf eine Länge von 50mm bekommen

Wir verwenden dazu einen rechten Eckdrehmeißel mit HM-Wendeplatte

Das Werkstück wird so eingespannt, dass etwas mehr, wie die zu bearbeitenden 50 mm aus dem Backenfutter ragen aber noch genug um den Vorschub ohne Stress früh genug ausschalten zu können.

1. Ich werde 2 Schnitte Schruppen mit den entsprechenden Schnittdaten, einmal auf Durchmesser 38mm und dann beim 2.Schnitt auf Durchmesser 36mm.
2. Im nächsten Schritt werde ich zweimal einen halben Millimeter mit den Schlicht-Schnittdaten nehmen, um eine glatte Oberfläche und die entsprechende Maßtoleranz zu erhalten.

Berechnung der Drehzahl wie folgt bei einer als Beispiel vom Schneidstoffhersteller empfohlenen Schnittgeschwindigkeit von 100m pro min.

100m/min mal 1000 dividiert durch 40-mal pi (3,14) ergibt 796 für die Drehzahl also ca. 800 Umdrehungen pro Minute

Den Vorschub pro Umdrehung nehme ich beim Schruppen mit 0,1mm und beim Schlichten mit 0,05mm an.

Beim Schlichten nehme ich eine höhere Schnittgeschwindigkeit bei gleichzeitig niedrigerem Vorschub (0,05mm/Umdrehung), und die Zustelltiefe ist mit 0,5mm im Durchmesser auch weniger.

Die Drehzahl für die Schlichtschnittgeschwindigkeit errechnet sich wie folg bei einer angenommenen Schnittgeschwindigkeit von 140m/min.

140000 durch 40 mal Pi   ergibt eine Drehzahl von 1114 Umdrehungen.

Da ich nun die Drehzahlen und Vorschübe ermittelt habe werde ich die Werte in der Tabelle auf der Maschine suchen und so genau wie möglich einstellen.
Sollte die Maschine keine stufenlose Drehzahlregulierung haben muss ich die nächstbesten Werten einstellen!

Multiple Choice Test zu den Schnittdaten

Lösungen: 1:a,c,d | 2:a,b,c | 3:a,b,c | 4:a,c,d

1. Die Schnittbewegung beim Drehen

a. wird durch das drehende Werkstück erzeugt
b. erfolgt mit dem Reitstock
c. hat eine kreisförmige Bewegung
d. muss die richtigen Schnittdaten verwenden

2. Der Schneidkeil

a. muss einen Freiwinkel haben damit er ins Material eindringen kann
b. kann einen positiven oder negativen Spanwinkel haben
c. ist beim Drehen der Drehmeißel und steht still
d. Ist beim Keiler in der Natur

3. Die Schnittdaten

a. sind abhängig vom zu bearbeitenden Material
b. sind abhängig vom Schneidstoff
c. sind abhängig vom Schruppen oder Schlichten
d. sind in der Hauptspindel gespeichert

4.Die Drehzahl

a. steht im Verhältnis zur Schnittgeschwindigkeit
b. muss bei kleinen Durchmessern kleiner sein
c. muss bei kleinen Durchmessern größer sein
d. kann im Spindelstockgetriebe eingestellt werden

Schmierung und Kühlung

Beim Zerspanen von Metallen entstehen an der Schneide des Werkzeugs hohe Temperaturen. Diese entstehen durch Reibung zwischen Werkzeug, Werkstück und Span sowie durch die Verformung des Materials beim Spanen.

Eine zu hohe Temperatur kann zu folgenden Problemen führen:

- schneller Werkzeugverschleiß

- schlechtere Oberflächenqualität

- Maßabweichungen am Werkstück

Aus diesem Grund wird bei vielen Zerspanprozessen ein **Kühlschmierstoff** verwendet.

Kühlschmierstoffe haben mehrere Aufgaben:

- Kühlung der Schneide

- Schmierung zwischen Werkzeug und Werkstück

- Verbesserung der Spanabfuhr

- Verlängerung der Werkzeugstandzeit

Häufig werden sogenannte **Kühlschmieremulsionen** verwendet. Dabei handelt es sich um ein Gemisch aus Wasser und speziellen Schneidölen.

Bei kleinen konventionellen Drehmaschinen oder bei Hobbydrehmaschinen wird häufig ohne Kühlschmierstoff gearbeitet. In solchen Fällen werden die Schnittdaten entsprechend reduziert, um eine übermäßige Erwärmung des Werkzeugs zu vermeiden.

Beim Gewindeschneiden schmiert man aus Erfahrung mit Schneidöl

Multiple Choice Test zu Schmierung und Kühlung

Lösungen: 1:a,b | 2:a,c |3:a,c,d

1. Zum Kühlen verwendet man

- a. Schneid Öl
- b. Bohrölemulsion
- c. Kühlerfrostschutz
- d. einen Ventilator

2. Die Kühlung und Schmierung des Werkzeugs

- a. erhöht die Standzeit
- b. macht es stumpf
- c. ermöglicht schnelleres Bearbeiten (Schnittdaten)
- d. ist in Deutschland genehmigungspflichtig

3. Zum Gewindeschneiden (vor allem Bohren)

- a. nimmt man Schneideöl
- b. macht man Kaffee und Kuchen
- c. wählt man niedrige Schnittgeschwindigkeit
- d. nimmt man Maschinengewindebohrer

Ablauf der Bearbeitung

Beim Drehen eines Werkstückes wird das Material meist in mehreren Bearbeitungsschritten entfernt. Ziel ist es, das Werkstück schrittweise auf das gewünschte Maß und die gewünschte Oberflächenqualität zu bringen.

In der Praxis unterscheidet man dabei hauptsächlich zwei Bearbeitungsarten:

- **Schruppen**

- **Schlichten**

Beim **Schruppen** wird zunächst möglichst viel Material in kurzer Zeit abgetragen. Dabei werden größere Zustelltiefen und höhere Vorschübe verwendet.

Beim **Schlichten** wird anschließend mit kleineren Zustellungen und geringeren Vorschüben gearbeitet, um eine hohe Maßgenauigkeit und eine gute Oberflächenqualität zu erreichen.

Durch diese Kombination kann ein Werkstück effizient und präzise hergestellt werden.

Achte auch auf zu hohe Temperaturen, die noch beim Schruppen erzeugt wurden. Besser vorm Schlichten abkühlen lassen wegen des Schrumpfens bei Temperaturabnahme.

Ein typischer Bearbeitungsablauf beim Drehen eines Werkstücks kann folgendermaßen aussehen:

1. Werkstück im Spannfutter einspannen

2. Stirnfläche durch Plandrehen sauber herstellen

3. Durch Runddrehen den gewünschten Durchmesser herstellen

4. Maß durch Schlichten genau einstellen

5. Eventuell Abstechen oder Fasen anbringen

Arten von Spänen

Beim Drehen wird Material in Form von Spänen vom Werkstück abgetragen. Die Form dieser Späne kann sehr unterschiedlich sein und hängt von mehreren Faktoren ab, zum Beispiel vom Werkstoff, den Schnittdaten und der Geometrie des Werkzeugs.

Die entstehenden Spanformen geben dem Dreher wichtige Hinweise über den Zerspanprozess. Anhand der Spanform kann man erkennen, ob die gewählten Schnittdaten günstig sind oder angepasst werden sollten.

Grundsätzlich unterscheidet man mehrere Arten von Spänen, zum Beispiel:

- Scherspan

- Reißspan

- Fließspan

- Lamellenspan

- Wirrspäne

Nicht alle Spanformen sind gleich gut für die Bearbeitung geeignet.

Kurze, brechende Späne sind meist vorteilhaft, da sie leicht aus dem Arbeitsbereich entfernt werden können. Lange Späne hingegen können sich um Werkstück oder Werkzeug wickeln und stellen ein Sicherheitsrisiko dar.

Die Spanform kann durch Veränderung der Schnittdaten beeinflusst werden. Wird beispielsweise der Vorschub erhöht oder die Drehzahl reduziert, brechen lange Späne häufig leichter.

Scherspan

Der Scherspan entsteht durch eine Verformung in der Scherzone. Das Material des Spans wird dabei über das Umformvermögen hinaus beansprucht. Der Span reißt parallel zur Ebene in einzelne Lamellen auseinander. Hohe Temperaturen sorgen dafür, dass Lamellen miteinander verschweißen.

Reißspan

Wird ein spröder Werkstoff wie Glas oder Stein durch ein spanendes Verfahren bearbeitet, entsteht meist der Reißspan (auch Bröckelspan genannt). Kleine Spanwinkel und niedrige Schnittgeschwindigkeiten begünstigen ebenfalls die Bildung von Reißspänen. Durch den Keil vorausgehende Risse im Werkstück löst sich der Span ohne wesentliche Verformung. Durch das Herausbrechen des Spans ist die Oberfläche des Werkstücks nach reißspanender Bearbeitung rau. Ein Beispiel für ein Metall, bei dem Reißspäne entstehen, ist Messing. Kühlschmierstoffe helfen nicht gegen den Reißspan.

Wendelspäne

Sie sehen aus wie Haare mit Dauerwelle, also gleichmäßig gewendelt wie eine Wendeltreppe.
Wenn die Wendelspäne in gleichmäßigen Abstand brechen und somit vom Werkstück leicht entfernt werden können sind sie günstig für die Bearbeitung, ansonsten wenn sie einen durchgehenden langen Strang bilden sind sie eher ungünstig und können sich um das Werkstück wickeln.

<u>Ungünstige Arten sind diese</u>

Der Fließspan

entsteht ebenfalls durch eine Verformung in der Scherzone, jedoch fließt der Span kontinuierlich über die Werkzeugschneide ab. Dabei wird das Verformungsvermögen des Materials nicht überschritten. Die Umformung erfolgt somit in allen Schichten gleichmäßig. So entsteht ein zusammenhängender Span. Der Fließspan entsteht bei einer hohen Schnittgeschwindigkeit und hohen Temperaturen sowie einem kontinuierlichen Schneiden Eingriff.

Der Werkstoff spielt auch eine Rolle, so ist es bei Grauguss zum Beispiel unmöglich einen Fließspan zu erzeugen durch die natürliche Spröde des Materials.

Bei Chrom Nickel Stahl (4301) ist die Wahrscheinlichkeit groß dass ein Fließspan entsteht durch die Weichheit und Zähheit des Materials.

Lamellen Spahn
Bei Schwankung der Spanungsdicke aufgrund eines ungleichmäßigen Werkstoffgefüges kann es zur Ausbildung eines Lamellenspanes kommen. Die Struktur ist ähnlich dem Scherspan, jedoch entstehen keine Bruchstücke, sondern es findet eine reine Umformung statt.
Lamellenspäne sind Fließspäne mit ausgeprägten Lamellen.

Bei langem Spanfluss besteht die Gefahr der Knäuelbildung und damit der Beeinträchtigung automatisierter Betriebsabläufe. Daher eignen sich fließspanbildende Werkstoffe für die Massenfertigung nur, wenn der Fließvorgang des Spanes in regelmäßigen Abständen unterbrochen werden kann, um Bandspäne zu vermeiden. Soweit möglich werden kurzbrechende Automatenstähle bevorzugt, die einen erhöhten Anteil von Schwefel und Phosphor enthalten, welche den Spanbruch begünstigen, sich jedoch nachteilig auf Festigkeit und Duktilität auswirken.

Wirrspäne
Sind auch eine Art der Fließspäne die lange nicht brechen und sich unberechenbar um Werkstück und Werkzeug wickeln können

Günstige Spanformen sind leicht aus dem Arbeitsraum abzuführen und machen ein kleines Volumen!
Die Spanform kann beeinflusst werden durch die Schnittdaten
Zum Beispiel bei langem Fließspan die Schnittgeschwindigkeit verringern (Drehzahl verringern) und oder den Vorschub erhöhen.

Späne dürfen niemals mit der Hand entfernt werden , sondern mit einem Spanhaken, da die Verletzungsgefahr sehr hoch ist!

Fließspan

Multiple Choice Test zu den Spänen

Lösungen: 1:a,b,c,d | 2:a,c | 3:a,b,d

1. Lange Fließspäne

a. sind nicht ideal wegen dem Verletzungsrisiko
b. können einen Spankneuel bilden und so das Werkzeug beschädigen
c. können eventuell durch verändern der Schnittdaten (Drehzahl vermindern bei gleichem Vorschub) in brechende Späne gewandelt werden
d. dürfen nicht mit bloßen Händen entfernt werden (Spanhacken verwenden)

2. Zum Zerspanen

a. eignen sich Automatenstähle sehr gut wegen der kurzen Späne
b. sind lange Fließspäne gut
c. sind kurze bröckelnde Späne ideal
d. nimmt man die Schaltspindel heraus

3. Der Unterschied von Schruppen und Schlichten ist

a. dass beim Schruppen große Schnitttiefen und viel Vorschub bei niedrigerer Schnittgeschwindigkeit genommen wird
b. dass die Oberfläche beim Schlichten schöner wird (Rautiefe)
c. dass der Boden nur geschruppt wird
d. dass beim Schlichten eine höhere Drehzahl und weniger Vorschub und wendiger Schnitttiefe genommen wird

Messwerkzeuge für erfolgreiches Drehen

Beim Drehen ist präzises Arbeiten besonders wichtig. Viele Drehteile müssen mit sehr genauen Maßen gefertigt werden, damit sie später in Maschinen oder Baugruppen richtig funktionieren.

Um diese Maßgenauigkeit zu erreichen, werden verschiedene **Messwerkzeuge** verwendet. Mit ihnen können Durchmesser, Längen, Bohrungen oder Rundlaufabweichungen genau überprüft werden.

Je nach Messaufgabe kommen unterschiedliche Messwerkzeuge zum Einsatz. Zu den wichtigsten Messwerkzeugen beim Drehen gehören:

- Messschieber
- Bügelmessschraube (Mikrometer)
- Innenmikrometer
- Messuhr
- Tiefenmikrometer
- Parallelendmaße

Diese Werkzeuge ermöglichen es, Werkstücke mit hoher Genauigkeit zu kontrollieren und Maßabweichungen rechtzeitig zu erkennen.

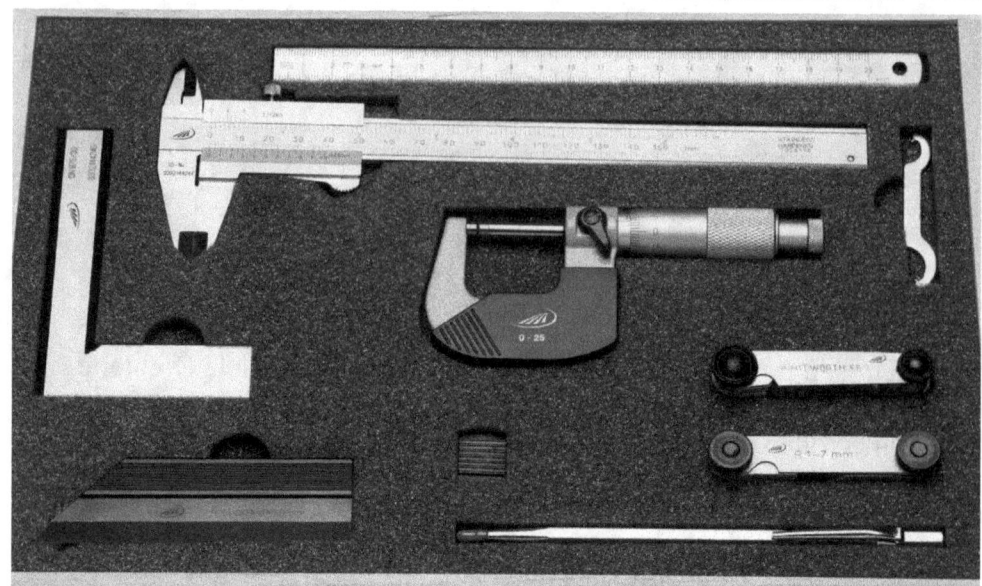

Während der Bearbeitung wird das Werkstück häufig mehrmals gemessen. Dadurch kann der Dreher rechtzeitig erkennen, ob das Maß erreicht ist oder ob noch Material abgetragen werden muss.

1. Messschieber (Schieblehre)

Funktion und Anwendung

Der Messschieber ist eines der am häufigsten verwendeten Messwerkzeuge in der Drehtechnik. Er ermöglicht die schnelle Bestimmung von:

- **Außenmaßen** (z. B. Durchmesser eines Werkstücks)

- **Innenmaßen** (z. B. Bohrungen)

- **Tiefenmaßen** (z. B. Nuten, Stufen)

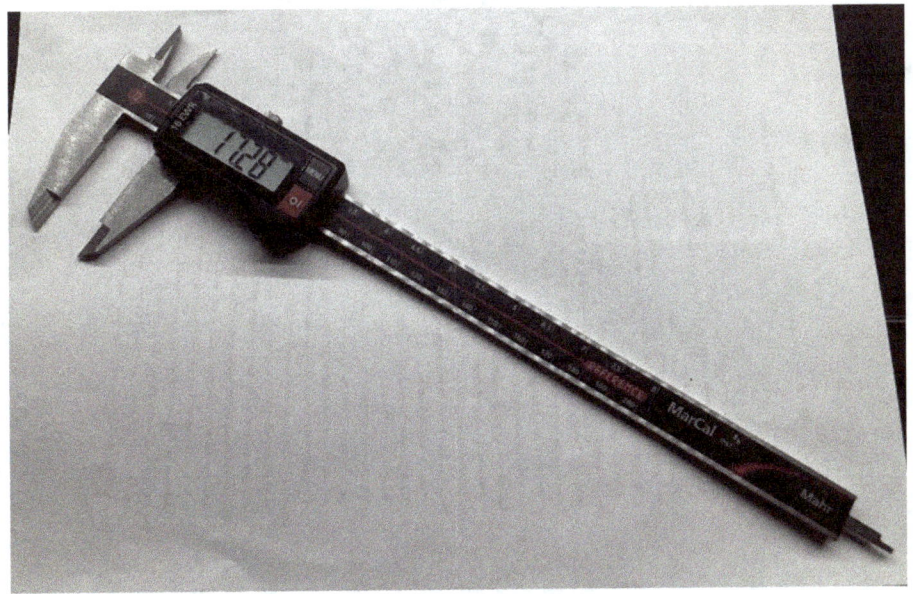

Arten von Messschiebern

- **Analoger Messschieber:** Mit Nonius-Skala zur präzisen Ablesung.

- **Digitaler Messschieber:** Einfache Handhabung mit digitaler Anzeige.

- **Tiefenmessschieber:** Speziell für Tiefenmessungen konzipiert.

Empfohlene Genauigkeit: 0,01 mm Ablesegenauigkeit.

Mit dem Messschieber
messen

2. Bügelmessschraube (Mikrometer)

Funktion und Anwendung

Die Bügelmessschraube ist ein hochpräzises Messwerkzeug zur Bestimmung von Außendurchmessern mit einer höheren Genauigkeit als der Messschieber.

Merkmale:

- Messbereich meist 0–25 mm (größere Modelle erhältlich)

- Messgenauigkeit bis zu 0,01 mm

- Spindel mit Ratsche für gleichmäßigen Messdruck

Einsatzgebiet: Ideal für präzise Messungen bei engen Toleranzen, z. B. Lagersitze oder Passungen.

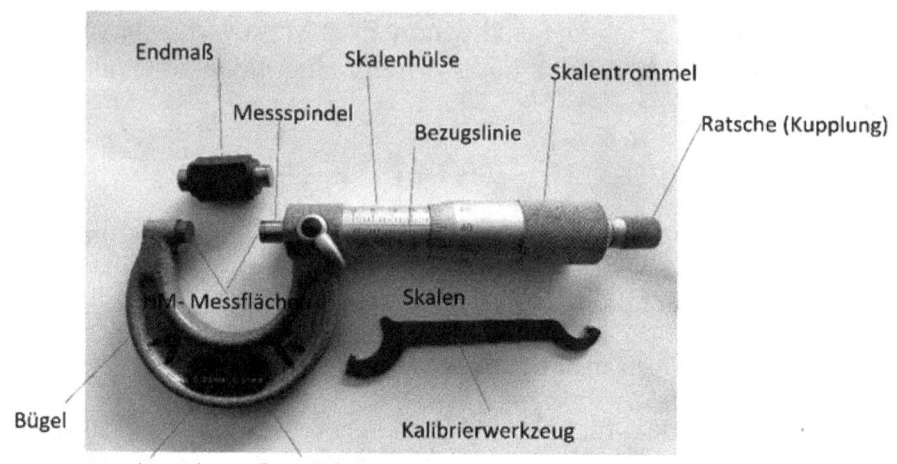

Mit der Bügelmessschraube
messen

3. Innenmikrometer

Funktion und Anwendung

Das Innenmikrometer dient zur Messung von Bohrungsdurchmessern mit hoher Präzision. Es wird in das Werkstück eingeführt und mit der Feineinstellung genau angepasst.

Merkmale:

- Messgenauigkeit bis zu 0,005 mm

- Verschiedene Messbereiche (z. B. 5–30 mm, 30–100 mm)

Tipp: Bei tiefen Bohrungen sind Innenmikrometer mit Verlängerungen erforderlich.

---

4. Tiefenmikrometer

Funktion und Anwendung

Dieses Messwerkzeug wird zur Messung von Tiefen, z. B. Stufen oder Einstichen, verwendet. Es bietet eine höhere Präzision als der Messschieber.

Merkmale:

- Messgenauigkeit bis zu 0,01 mm

- Unterschiedliche Messbereiche mit wechselbaren Messstiften

5. Parallelendmaße

Funktion und Anwendung

Parallelendmaße werden zur Kalibrierung von Messgeräten oder zur Kontrolle von Werkstückmaßen verwendet. Sie bestehen aus gehärtetem Stahl mit hochpräzisen Maßtoleranzen.

Merkmale:

- Toleranzen im Mikrometerbereich

- Verwendung als Referenzmaß für andere Messwerkzeuge

6. Haarlineal

Funktion und Anwendung

Das Haarlineal dient zur Prüfung der Ebenheit von Flächen. Es wird gegen das Werkstück gehalten und durch Lichtspaltbetrachtung kontrolliert.

Merkmale:

- Hochpräzise gerade Kanten

- Ideal zur Prüfung von Plandrehen und Oberflächengüte

7. Messuhr (Messindikator)

Funktion und Anwendung

Messuhren sind unverzichtbar zur Kontrolle des Rundlaufs und zur präzisen Ausrichtung von Werkstücken auf der Drehmaschine.

Arten von Messuhren:

- **Analoge Messuhren** mit Skala
- **Digitale Messuhren** mit numerischer Anzeige

Einsatzmöglichkeiten:

- Rundlaufprüfung
- Zentrierung von Werkstücken
- Kontrolle von Achsabweichungen

---

8. Fühllehren

Funktion und Anwendung

Fühllehren bestehen aus dünnen Metallstreifen mit definierten Stärken und werden zur Prüfung von Spaltmaßen und Abständen verwendet.

Einsatzmöglichkeiten:

- Kontrolle des Werkzeugspiels
- Einstellung von Maschinenführungen

Fazit

Für präzises Drehen sind exakte Messungen essenziell. Der Messschieber ist das universelle Werkzeug für viele Messaufgaben, während Bügelmessschrauben und Innenmikrometer bei hohen Genauigkeitsanforderungen unverzichtbar sind. Messuhren ermöglichen die Rundlaufprüfung, und Parallelendmaße dienen als Referenz.

Jeder Dreher sollte sich mit diesen Messwerkzeugen vertraut machen, um exakte Werkstücke zu fertigen und Fehler zu vermeiden.

Multiple-Choice-Test: Messwerkzeuge für erfolgreiches Drehen

1. Wofür wird ein Messschieber verwendet?

A) Zum Messen von Außenmaßen
B) Zum Zentrieren eines Werkstücks auf der Drehmaschine
C) Zum Messen von Innen- und Tiefenmaßen
D) Zum Prüfen des Rundlaufs der Hauptspindel
(Richtige Antworten: A, C)

---

2. Welche Messwerkzeuge ermöglichen eine Genauigkeit bis zu 0,01 mm?

A) Digitaler Messschieber
B) Bügelmessschraube
C) Innenmikrometer
D) Haarlineal
(Richtige Antworten: B, C)

---

3. Wozu dient eine Messuhr?

A) Zur Prüfung des Rundlaufs eines Werkstücks
B) Zur Längenmessung von Drehteilen
C) Zur präzisen Ausrichtung von Werkstücken
D) Zum Bestimmen von Toleranzen bei Gewinden
(Richtige Antworten: A, C)

---

4. Welche Aussagen zur Bügelmessschraube sind korrekt?

A) Sie wird für hochpräzise Außendurchmesser-Messungen verwendet
B) Sie kann Bohrungsdurchmesser messen
C) Sie hat eine Spindel mit Ratsche für gleichmäßigen Messdruck
D) Sie ist weniger genau als ein Messschieber
(Richtige Antworten: A, C)

5. Welche Messwerkzeuge sind für Innenmessungen geeignet?

A) Innenmikrometer
B) Haarlineal
C) Messschieber
D) Parallelendmaße
(Richtige Antworten: A, C)

6. Welche Funktionen hat ein Haarlineal?

A) Kontrolle der Ebenheit einer Fläche
B) Messung von Außendurchmessern
C) Prüfung der Oberflächengüte
D) Messen von Tiefenmaßen
(Richtige Antworten: A, C)

7. Welche Werkzeuge werden häufig zur Kalibrierung anderer Messgeräte verwendet?

A) Parallelendmaße
B) Messschieber
C) Tiefenmikrometer
D) Haarlineal
(Richtige Antworten: A, D)

8. Welche der folgenden Werkzeuge sind speziell für die Kontrolle von Spaltmaßen geeignet?

A) Fühllehren
B) Messuhr
C) Bügelmessschraube
D) Innenmikrometer
(Richtige Antwort: A)

Sicherheit beim Drehen

Beim Arbeiten mit Drehmaschinen ist besondere Vorsicht erforderlich. Die rotierenden Werkstücke und Werkzeuge können bei unsachgemäßer Bedienung zu schweren Verletzungen führen.

Deshalb ist es wichtig, grundlegende Sicherheitsregeln einzuhalten und stets aufmerksam zu arbeiten.

Gefahren entstehen vor allem durch:

- rotierende Werkstücke und Spannfutter
- scharfkantige oder heiße Späne
- falsch gespannte Werkstücke
- lose Kleidung oder lange Haare

Durch das Einhalten einfacher Sicherheitsmaßnahmen lassen sich viele Unfälle vermeiden.

Zu den wichtigsten Sicherheitsregeln beim Drehen gehören:

- immer eine Schutzbrille tragen
- keine Handschuhe beim Arbeiten an rotierenden Maschinen verwenden
- den Spannfutterschlüssel niemals im Spannfutter stecken lassen
- nicht in rotierende Teile greifen
- Späne nur mit einem Spanhaken entfernen
- lange Haare zusammenbinden und keine lose Kleidung tragen

Sicherheit sollte beim Arbeiten an der Drehmaschine immer an erster Stelle stehen.

Verwenden Sie beim Drehen niemals Handschuhe!
Lassen Sie den Backenfutterschlüssel nicht im Spannfutter stecken
Tragen Sie immer eine Schutzbrille
Umgehen Sie niemals Schutzeinrichtungen der Maschine
Greifen Sie nicht in rotierende Maschinenteile (Backenfutter)
Verwenden Sie einen Spanhacken
Offene lange Haare sind verboten!
Tragen Sie anliegende Kleidung und keinen Schmuck!

Vor dem Start der Maschine sollte immer kontrolliert werden, ob das Werkstück sicher gespannt ist und der Spannfutterschlüssel entfernt wurde.

Abbildung 14 Spanhacken zu sicheren entfernen von Spänen

Die 10 häufigsten Anfängerfehler beim Drehen

1. Werkzeug nicht auf Spitzenhöhe

2. Werkstück zu weit ausgespannt

3. falsche Drehzahl

4. falscher Vorschub

5. stumpfes Werkzeug

6. falsche Spannung im Futter

7. falsche Schnittdaten

8. kein Probeschnitt

9. falsches Werkzeug

10. Späne falsch entfernen

Multiple Choice Test zur Sicherheit beim Drehen

Lösungen: 1:a,c,d | 2:a,c | 3:a,c,d

1. Eine Schutzbrille ist dazu da

    a. zu verhindern, dass man im Auge verletzt wird durch herumfliegende Splitter von eventuell brechenden Werkzeugen

    b. vor Sonnenstrahlung zu schützen

    c. obligatorisch beim Drehen aufgesetzt zu werden

    d. um vor herumfliegenden Spänen zu schützen

2. Lange Kleidung, lange Haare und Schmuck

    a. sollte auf keinen Fall beim Drehen getragen werden

    b. ist super, um Späne aufzufangen

    c. kann sich um rotierende Teile wickeln und zu schweren Verletzungen führen

    d. haben Tradition

3. Ein Spänehaken wird verwendet um

    a. sich stauende Späne mit Sicherheitsabstand wegzuziehen

    b. den Ölstand im Schlosskasten zu prüfen

    c. Späne, die sich um das Werkzeug gewickelt haben zu entfernen

    d. Späne, die sich um das Werkstück gewickelt haben zu entfernen

Kostengünstige Drehmaschinen für Einsteiger

Einleitung

Der Einstieg in das konventionelle Drehen erfordert nicht zwingend eine große finanzielle Investition. Gerade für Heimwerker, Modellbauer oder technisch Interessierte gibt es kostengünstige Alternativen zu industriellen Universaldrehmaschinen. In diesem Kapitel gebe ich einen Überblick über preiswerte Drehmaschinen, deren Einsatzmöglichkeiten sowie Tipps zur Auswahl und zum Kauf.

Günstige Drehmaschinen für Einsteiger – welche gibt es?

Es gibt eine Vielzahl von Einsteigermodellen, die sich je nach Budget und Anforderungen unterscheiden. Hier einige der gängigen Modelle:

1. Mini-Drehmaschinen (Preis: 200 - 800 Euro)

Diese kleinen Tischdrehmaschinen eignen sich hervorragend für den Modellbau, kleine Reparaturarbeiten oder das Erlernen der Grundlagen des Drehens.

Merkmale:

- Kompakte Bauweise, oft unter 50 kg

- Bearbeitung von weichen Metallen wie Aluminium oder Messing

- Drehdurchmesser meist unter 200 mm

- Meist nur manuelle Vorschubsteuerung

Empfohlene Modelle:

- **Proxxon PD 250/E** – Ideal für Präzisionsarbeiten im Modellbau

- **KKmoon Mini Metal Lathe** – Eine der günstigsten Optionen

2. Mittelklasse-Drehmaschinen (Preis: 800 - 2000 Euro)

Diese Drehmaschinen bieten bereits mehr Möglichkeiten, wie die Bearbeitung von Stahl oder die Nutzung eines maschinellen Vorschubs.

Merkmale:

- Größerer Drehdurchmesser (bis 300 mm)

- Stabilere Konstruktion

- Maschineller Vorschub möglich

- Gewindeschneiden in einfachem Rahmen

Empfohlene Modelle:

- **Bernardo Hobby 300** – Gute Allround-Drehmaschine für Hobbyisten

- **Optimum TU 1503V** – Solide Drehbank mit elektronischer Drehzahlregelung

-

3. Gebrauchte Industrie-Drehmaschinen (Preis: 1500 - 5000 Euro)

Für ambitionierte Einsteiger, die Wert auf Langlebigkeit und Präzision legen, können gebrauchte Industrie-Drehmaschinen eine hervorragende Option sein.

Merkmale:

- Hohe Stabilität und Genauigkeit

- Größerer Arbeitsbereich

- Möglichkeit zur Bearbeitung verschiedenster Materialien

- Meist robuste mechanische Steuerungen ohne CNC

Empfohlene Marken:

- **Weiler Praktikant** – Bewährte deutsche Qualität, oft als Gebrauchtmaschine erhältlich

- **Emco V10-P** – Kompakte aber leistungsfähige Hobby-Drehmaschine

---

Worauf sollte man beim Kauf achten?

Beim Kauf einer günstigen Drehmaschine sollten folgende Faktoren berücksichtigt werden:

1. Material und Verwendungszweck

- Modellbau und kleine Arbeiten: Mini-Drehmaschinen (Proxxon, KKmoon)

- Größere Werkstücke und stabilere Maschinen: Mittelklassemodelle (Bernardo, Optimum)

- Für professionelle Anwendungen oder Hobbyisten mit hohem Anspruch: Gebrauchte Industrie-Drehmaschinen

2. Stabilität und Verarbeitung

Eine solide Bauweise ist essenziell, um Vibrationen zu minimieren und präzise Ergebnisse zu erzielen. Besonders der Maschinenbettaufbau (Guss oder Stahl) beeinflusst die Qualität der Arbeit.

3. Drehzahlregelung und Vorschub

- Variable Drehzahlregelung ist für verschiedene Materialien wichtig

- Ein maschineller Vorschub erleichtert das Arbeiten enorm

4. Verfügbarkeit von Ersatzteilen und Zubehör

Gerade bei No-Name-Produkten kann es schwierig sein, Ersatzteile zu bekommen. Markenhersteller haben hier einen Vorteil.

5. Gebraucht oder Neu?

- **Gebrauchte Maschinen:** Hochwertiger, aber oft mit Reparaturbedarf

- **Neue Maschinen:** Garantie und kein Wartungsaufwand, aber oft nicht so langlebig

---

Fazit

Für den Einstieg in das Drehen gibt es zahlreiche preiswerte Drehmaschinen, die je nach Bedarf und Budget unterschiedliche Vorzüge haben. Während Mini-Drehmaschinen ideal für den Modellbau sind, bieten Mittelklassemodelle bereits mehr Möglichkeiten für ambitionierte Heimwerker. Wer Wert auf Langlebigkeit und Präzision legt, kann sich auf dem Gebrauchtmarkt nach Industrie-Drehmaschinen umsehen.

Wichtig ist, sich vor dem Kauf genau zu überlegen, welche Anforderungen die Drehmaschine erfüllen soll, um eine überlegte Entscheidung zu treffen.

Fachwortverzeichnis – Drehen konventionell für Anfänger

A

- **Abstechdrehen** – Trennverfahren, bei dem ein Werkstück mit einem Stechdrehmeißel abgetrennt wird.

- **Achsen (X, Z, Z2)** – Bezeichnung der Bewegungsrichtungen der Werkzeugschlitten auf der Drehmaschine.

- **Aufspannmittel** – Vorrichtungen wie Backenfutter, Spannzangen oder Planscheiben zum Fixieren des Werkstücks.

B

- **Backenfutter** – Spannmittel zur Befestigung von Werkstücken mit drei oder vier Spannbacken.

- **Bettbahn** – Führungsschiene des Maschinenbetts, auf der der Werkzeugschlitten läuft.

- **Bügelmessschraube** – Präzisionsmesswerkzeug zur Bestimmung von Außendurchmessern.

C

- **CNC (Computerized Numerical Control)** – Steuerungstechnologie für Werkzeugmaschinen mit digitaler Programmierung.

D

- **Drehmeißel** – Werkzeug mit einer Schneidkante zum Spanen von Werkstücken.

- **Drehzahl** – Anzahl der Umdrehungen der Hauptspindel pro Minute.

- **Drehverfahren** – Unterschiedliche Methoden des Drehens, z. B. Runddrehen, Plandrehen, Gewindedrehen.

E

- **Exzenterdrehen** – Fertigungstechnik, bei der eine exzentrische Drehachse erzeugt wird.

F

- **Fasendrehen** – Erzeugen von abgeschrägten Kanten an Werkstücken.

- **Freiwinkel** – Winkel zwischen der Schneide und der Werkstückoberfläche zur Vermeidung von Reibung.

G

- **Gewindedrehen** – Verfahren zur Herstellung von Schraubengewinden auf einer Drehmaschine.

- **Glasmaßstab** – Linearmaßstab zur hochpräzisen Positionsmessung bei digitalen Messsystemen.

H

- **Hartmetall (HM)** – Schneidstoff für Drehmeißel mit hoher Härte und Verschleißfestigkeit.

- **Hauptspindel** – Rotierendes Bauteil der Drehmaschine, das das Werkstück bewegt.

K

- **Kegeldrehen** – Verfahren zum Erzeugen von konischen Flächen auf Drehteilen.

- **Koordinatensystem** – Orientierungssystem der Drehmaschine mit den Hauptachsen X und Z.

L

- **Leitspindel** – Spindel zur Übertragung der Vorschubbewegung beim Gewindedrehen.

- **Lynette** – Stützvorrichtung zur Bearbeitung langer Werkstücke.

M

- **Messschieber** – Präzisionsmesswerkzeug zur Bestimmung von Innen-, Außen- und Tiefenmaßen.

- **Multiple-Choice-Test** – Lernkontrollfragen zur Überprüfung von Wissen zu verschiedenen Kapiteln.

N

- **Nonius** – Skala zur präzisen Ablesung von Messwerten.

O

- **Oberschlitten** – Verstellbarer Werkzeugschlitten zur Feineinstellung von Werkzeugen.

P

- **Plandrehen** – Erzeugen ebener Flächen durch Vorschub quer zur Drehachse.

- **Profildrehen** – Herstellung komplexer Konturen mit speziell geformten Drehmeißeln.

R

- **Reitstock** – Verschiebbarer Maschinenteil zur Aufnahme von Bohrwerkzeugen oder Zentrierspitzen.

- **Runddrehen** – Verfahren zum Erzeugen zylindrischer Flächen durch Vorschub entlang der Drehachse.

S

- **Schmierung und Kühlung** – Verwendung von Schneid Öl oder Emulsion zur Reduzierung von Hitze und Verschleiß.

- **Schneidgeschwindigkeit** – Relativgeschwindigkeit zwischen Schneidkante und Werkstück.

- **Schruppen** – Grobe Bearbeitung mit hoher Spanabnahme zur schnellen Formgebung.

- **Schlichten** – Feinbearbeitung mit geringer Spanabnahme für eine glatte Oberfläche.

- **Schlosskasten** – Bauteil mit Mechanismus zur Aktivierung der Leitspindel.

- **Spannzangen** – Spannmittel zur präzisen Fixierung von Werkstücken mit genauem Durchmesser.

- **Der Spindelstock**

- Ist der Teil der Maschine, indem das Getriebe und die Hauptspindel mit dem Spannfutter sitzt

  Die Drehzahleinstellung (Getriebe) Das Getriebe befindet sich im Spindelstock und ist dafür zuständig die richtige Drehzahl bzw. Schnittgeschwindigkeit einzustellen

- **Das Spannfutter**

  Ist zum sicheren Einspannen des Werkstückes. Es gibt verschiedene Arten davon.

  Zum Beispiel Dreibackenfutter, Vierbackenfutter, Planscheibe, händisch zu betätigen oder maschinell

T

- **Toleranz** – Maßabweichung, die innerhalb vorgegebener Grenzen zulässig ist.

- **Tuschieren** – Leichtes Ansetzen des Werkzeugs zur Überprüfung der Position.

V

- **Vorschubgetriebe** – Getriebe zur Einstellung der Vorschubgeschwindigkeit des Werkzeugschlittens.

- **Vorschubgeschwindigkeit** – Geschwindigkeit, mit der das Werkzeug in das Material eindringt.

W

- **Wechselradgetriebe** – Getriebesystem mit austauschbaren Zahnrädern zur Einstellung der Gewindesteigung.

- **Werkzeughalter** – Vorrichtung zur sicheren Befestigung des Drehwerkzeugs.

- **Wendeplatte** – Austauschbare Schneidplatte aus Hartmetall für Drehwerkzeuge.

Z

- **Zentrierbohrer** – Spezielles Bohrwerkzeug zur Erzeugung von Führungsbohrungen zum Stützen für lange Werkstücke

- **Zugspindel** – Spindel zur Übertragung der Vorschubbewegung für allgemeines Längs- und Plandrehen.

Der Werkzeughalter
Ist dazu da, die verschiedenen Werkzeuge aufzunehmen, es gibt sehr gute Schnellwechselsysteme mit hoher Wiederholgenauigkeit oder ganz einfache Klemmhalter.

Der Planschlitten X- Achse
Befindet sich auf dem Bettschlitten (Längsschlitten) und wird hauptsächlich zum Plandrehen und Abstechen benötigt

Der Längsschlitten Z- Achse
Ist zum Zerspanen in Z Richtung am Umfang des Werkstückes und hat den größten Arbeitsbereich

Der Oberschlitten Z 2- Achse
Sitzt auf dem Planschlitten und kann ideal zum Drehen von Kegeln (durch Verstellung des Winkels) verwendet werden.

Der Reitstock
Ist für das Ausführen von Bohrarbeiten und zum Halten der Zentrierspitze hauptsächlich eingesetzt

Das Vorschubgetriebe

Ist dazu da die einzelnen Achsen (Schlitten) mit dem maschinellen Vorschub zu bewegen und wird direkt von der Hauptspindel bewegt.

Der Schlosskasten

Im Schlosskasten befindet sich die Schlossmutter, mit der die Leitspindel ein- und ausgekuppelt werden kann, um damit Gewinde zu fertigen

Der Schalthebel

Ist zum Ein- und Ausschalten der Hauptspindel für Linksdrehung oder Rechtsdrehung, der Antrieb für die Zug und Leitspindel wird dadurch auch betätigt (Wenn eingekuppelt)

Der Vorschubhebel

Schaltet den mechanischen Vorschub für die Z und X-Achse ein und aus (der Oberschlitten ist meist nur händisch betätigt).

Die Zugspindel

Bewegt das Vorschubgetriebe und wird aktiviert, um mit maschinellem Vorschub zu zerspanen.

Die Leitspindel

„Leitet das Gewinde", dies sagt schon, für was die Leitspindel hauptsächlich benötigt wird.
Die Leitspindel kommt beim Gewindedrehen zum Einsatz. Sie besitzt ein Gewinde, welches den Längsschlitten mithilfe der Schlossmutter antreibt. Diese hakt sich in die Gewindegänge der Leitspindel ein, wodurch sie von der Leitspindel mitgenommen wird und somit den Längsschlitten zieht.

Bohrölemulsion

Ist das Kühlmittel, welches sich mit Wasser mischen lässt zum kühlen von Werkzeugen bei der spanenden Bearbeitung um so die Standzeit (Haltbarkeit) der Werkzeuge zu erhöhen

Schneid Öl

Wird verwendet zum Schmieren bei spanender Bearbeitung.
Vorwiegend zum Gewindeschneiden mit
Maschinengewindebohrern

Maschinengewindebohrer

Ist ein Gewindebohrer, mit dem man in die richtige Kernbohrung
ein Fertiges Gewinde schneiden kann mit nur einem Schnitt. Es gibt
nämlich auch so genannte 3- Schneider bei denen 3 verschiedene
Gewindebohrer nötig sind (Vorschneider, 2. Schneider,
Fertigschneider)

Die Hauptspindel
ist im Spindelstock gelagert und trägt das Backenfutter, sie ist hohl,
um lange Drehteile im Backenfutter zu spannen und ihre Drehzahl
kann über das Getriebe im Spindelstock eingestellt werden

Die Bettbahn
hat gehärtete Führungen, auf denen der Bettschlitten und der
Reitstock geführt sind

Schlusswort

Herzlichen Glückwunsch! Mit diesem Buch hast du einen umfassenden Einblick in das konventionelle Drehen erhalten – von den grundlegenden Maschinenkomponenten über verschiedene Drehverfahren bis hin zu wichtigen Messwerkzeugen und Sicherheitsvorkehrungen.

Das Drehen ist eine faszinierende und vielseitige Technik, die sowohl für Anfänger als auch für erfahrene Anwender immer wieder neue Herausforderungen und Möglichkeiten bereithält. Mit den hier vermittelten Grundlagen kannst du nun eigene Projekte umsetzen, dein Wissen in der Praxis anwenden und kontinuierlich verbessern.

Ich hoffe, dass dieses Buch dir geholfen hat, die ersten Schritte in die Welt des Drehens erfolgreich zu meistern. Falls du weiterlernen möchtest, gibt es viele Möglichkeiten, dein Wissen durch praktische Übungen, weiterführende Literatur oder Online-Ressourcen zu vertiefen. Auf meinem YouTube-Kanal „DIY-Passion" findest du zudem hilfreiche Videos und Praxisanleitungen.

Abschließend möchte ich dich ermutigen, geduldig und sorgfältig zu arbeiten. Die Qualität deiner Werkstücke hängt maßgeblich von deiner Präzision, deinem Verständnis für Materialien und Werkzeugtechnik sowie von deiner Erfahrung ab.

Viel Erfolg und Freude beim Drehen – und stets eine sichere Hand an der Maschine!

Ich würde mich auf eine Rezession (Bewertung) für das Büchlein sehr freuen da ich meine Inhalte dadurch verbessern kann.

Für Wünsche und Anregungen schreibe mir gerne eine E-Mail an tomaigner10@gmail.com.

Auf der nächsten Seite zeige ich dir noch meine weiteren Bücher falls Interesse an weiteren Themen besteht.

Mit besten Grüßen,
Thomas Aigner

Über den Autor

Mein Name ist Thomas Aigner und ich bin ausgebildeter und
geprüfter Maschinenbautechniker.
Ich habe langjährige Erfahrungen im Bereich der
Metallbearbeitung.
Nun möchte ich mein Wissen gerne denjenigen mitteilen die nicht
das Glück haben eine Ausbildung oder Lehre in dem Bereich
genossen zu haben.

Quellenangaben:
Berufsschule Hallein Österreich
Wikipedia
Fachwissenmetall.com
Fachkundebuch Metall
ChatGPT

Haftungsausschluss

Die beschriebenen Arbeitsweisen und Hinweise sind von mir mit bestem Wissen und Gewissen in Schrift und Bild erläutert und dargestellt.
Die Arbeiten, die hier gezeigt werden, müssen nicht genau so durchgeführt werden und die Sicherheitseinrichtungen an Maschinen und die persönliche Schutzausrüstung dürfen nie umgangen werden!

Impressum

Thomas Aigner, Taxauweg 28/8, 5760 Saalfelden, Österreich
Telefon: 004366475064466
E-Mail: **tomaigner10@gmail.com**

Inhaltlich verantwortlicher: Thomas Aigner
(Anschrift wie oben)

www.ingramcontent.com/pod-product-compliance
Lightning Source LLC
Chambersburg PA
CBHW070551220526
45467CB00003B/1168